从零开始学
物联网、云计算和大数据

黄建波　编著

清华大学出版社
北　京

内 容 简 介

如何快速了解物联网、云计算和大数据，更好地实现业内的数字化转型？

本书先从物联网入手，梳理和总结了物联网技术的理论研究、开发应用及其与移动互联网的融合等30多个基本知识点，每个知识点都是作者亲自总结的干货，含金量高。其次从云计算入手，系统地介绍了云计算的产业变革，并从国内和国外两大角度分别列举了一系列领先企业或平台的产业布局，如阿里云、腾讯云、AWS亚马逊云和Azure微软云等，可以帮助各位读者更加全面地了解云计算。最后介绍了大数据的精准营销过程，其中包括对客户行为的定位及分析等，并将大数据技术与金融、餐饮、汽车、零售与城市建设等五大行业充分融合。

本书结构清晰，拥有一套完整、详细和实战性强的物联网、云计算与大数据方案，适合高校作为教材使用，也可供相关领域的创业者、企业管理者和研发人员阅读。

图书在版编目(CIP)数据

从零开始学物联网、云计算和大数据 / 黄建波编著. —北京：清华大学出版社，2021.7
ISBN 978-7-302-58778-1

Ⅰ.①从… Ⅱ.①黄… Ⅲ.①物联网 ②云计算 ③数据处理 Ⅳ.①TP

中国版本图书馆CIP数据核字(2021)第146397号

责任编辑：张 瑜
封面设计：杨玉兰
责任校对：李玉茹
责任印制：杨 艳
出版发行：清华大学出版社
　　　　　网　　址：http://www.tup.com.cn, http://www.wqbook.com
　　　　　地　　址：北京清华大学学研大厦A座　　邮　　编：100084
　　　　　社 总 机：010-62770175　　　　　邮　　购：010-62786544
　　　　　投稿与读者服务：010-62776969, c-service@tup.tsinghua.edu.cn
　　　　　质量反馈：010-62772015, zhiliang@tup.tsinghua.edu.cn
印 装 者：天津鑫丰华印务有限公司
经　　销：全国新华书店
开　　本：170mm×240mm　　印　张：16　　字　数：256千字
版　　次：2021年9月第1版　　　　　　　　印　次：2021年9月第1次印刷
定　　价：65.00元

产品编号：088444-01

互联网时代，对于传统企业来说，已不再是颠覆还是融合的问题，而是如何利用物联网、云计算和大数据等领先技术进行商业创新。

物联网、云计算与大数据同为新基建下要求重点发展的技术高地，因其技术的实际需求与场景战略，三者之间有着天然紧密的联系。大数据将生产应用中的数据整合起来，然后通过云平台满足其对计算能力的需求，并为其提供存储、共享以及出色的数据保护服务，最后通过物联网重新应用到产品中，实现物品与网络的全面连接。

为了创建更加美好的城市，企业和相关研究者也需要根据自身需求向智能化和数字化结构转型，也只有这样，才能在市场中占据一席之地！

本书从物联网、云计算与大数据三大板块出发，向各位读者详细介绍其平台、方案、产业布局以及具体应用等，希望能对各位读者有所启发。

一、物联网

物联网是物体网络连接的基础，它主要包括基础概要、技术体系和移动互联网三大内容。

(1) 基础概要：物联网是一个提及频次很高的概念，要想彻底掌握物联网，首先要了解它的来源、基本定义、分类、本质内涵以及发展状况。

(2) 技术体系：构建技术体系和做好风险防控措施是深入物联网领域不可或缺的过程。总的来说，物联网的技术体系可以分为三大层次和三大系统，同时也可以在这些层面加强技术防范。

(3) 移动互联网：移动互联网与物联网的融合对于城市建设来说也是至关重要的，可以从一个相对客观的角度反映城市建设的水平，它们之间的融合带动了手机游戏、移动广告和移动会议等行业的发展。

二、云计算

云计算是互联网大脑的中枢神经系统，本书主要从产业变革、国内平台和国外平台三个方面对其进行具体介绍。

(1) 产业变革：主要介绍云计算的基础知识和体系中心，并具体分析了云计算在医疗行业、教育行业、金融行业以及市政建设方面的发展和应用，适合每一个想要了解云计算的读者阅读。

(2) 国内平台：主要对国内云计算的领先平台做了详细梳理，包括阿里云平台、腾讯云平台和京东智联云平台，分析了它们的产业布局，并对市场概况进行了深度剖析，从而帮助各位读者更好地把握国内市场动态。

(3) 国外平台：主要对 AWS 亚马逊云、Azure 微软云和 IBM 企业云这三大国外云平台进行详细介绍，分析了它们的产业生态，以帮助各位读者更加全面地了解云计算。

三、大数据

产品的交易过程、使用过程以及人类行为都可以数据化。本书主要从知识梳理、营销定位和行业发展这三个方面对大数据进行具体介绍。

(1) 知识梳理：大数据的基本知识主要包括四个方面，即基本定义、发展体系、风险控制以及应用案例。

(2) 营销定位：企业可以根据自身和团队的特点，从客户需求、客户特征、客户行为和品牌特征等角度对客户进行定位和筛选。当然，企业还可以运用 LBS 数据，先了解用户画像，对自己进行全面分析，再策划最优的定位方案。

(3) 行业发展：将大数据技术与金融、餐饮、汽车、零售及城市建设等五大行业充分融合，并纵向对比了不同企业在大数据技术上的发展，希望能给各位读者带来一些启发。

本书由黄建波编著，参与编写的人员还有欧阳雅琪等，在此表示感谢。由于作者知识水平有限，书中难免存在不妥和疏漏之处，恳请广大读者批评、指正。

编　者

目录

第1章
了解物联网，引爆新蓝海

学前提示

　　在科学技术日渐发达的今天，互联网技术的应用已经不是什么新鲜事，那么物联网呢？作为当下智能家居开发以及智慧城市建设的中坚力量，物联网将应用于各个领域，并引领人们进入更加智能化的时代。

1.1 基础概要，全面认知

【场景1】早晨从床上醒来，你刚睁开眼睛，轻轻一动。一刹那，房间的窗帘便自动拉开，清晨的阳光洒了进来，天气预报自动告诉你今天会是个好天气。你起床之后，走到咖啡机前，这时咖啡机刚刚煮好一杯香喷喷的咖啡。吃过早餐之后，你便开着车出门上班了。

【场景2】早晨上班高峰期的车辆很多，你是否经常眼看着前面拥堵的、长长的车队，却丝毫没有任何办法？

现在只要拿出手机，就可以实时实地查询路况信息，甚至只要输入起始点，你的手机就会告诉你走哪条线路最节省时间，并且也不用担心到了公司找不到停车位。因为早在你到达公司之前，手机就已经告诉你哪个地方会有停车位了！

【场景3】已经是中午了，突然手机向你发出警报，告诉你家中正遭受入侵。你立即点开实时监控系统，发现其实是一只流浪猫在你家门前徘徊。然后，你发现走的时候没有把门窗关好，于是你轻轻一点手机，家里的窗帘便自动拉上了，门窗也自动关上了。于是，你放心地继续上班。

【场景4】下午的时候，你的朋友突然打电话来，说想起有一件东西落在你家里了，非常着急用，但是你现在不在家，怎么办呢？

你告诉朋友，没关系，让他直接去你家，你会帮他开门的。于是，当你通过视频看到朋友已经到了家门口时，你轻触手机，门便开了。然后你告诉朋友东西在哪里，让他自己去找。朋友在对你"可以思考"的家居表示惊讶之余，拿了东西心满意足地走了。

【场景5】结束了一天的忙碌工作，这时你准备下班回家了。你想回家就能洗个热水澡，洗净一身的疲惫，然后再闲适地吃晚餐。你想起自己早上已经把米放进电饭煲里了，于是通过一键设置，你会发现回到家时，你想的这一切智能家居都已经帮你做到了。

看到这里，你有没有觉得很神奇呢？你是否在想：如果这是真的该多好啊！其实这些场景早已不是天马行空的想象，也不是痴人说梦。通过物联网，这些都会变成现实。那么，什么是物联网呢？

1.1.1 基本定义，打下基础

物联网（Internet of Things，IoT）是指利用各种设备和技术，实时采集各种需要的信息，然后通过网络实现物和物、物和人的广泛连接以及对物体和过程的智能化感知、识别与管理。

物联网其实就是万物互联的意思，它不仅是对互联网的扩展，也是互联网与各种信息传感设备相结合而形成的网络，能够实现任何时间和地点"人、机、物"

三者的相互连接。

以上两段话对物联网的阐述主要表达了两层意思：一是物联网的核心和基础依旧是互联网，是在互联网的基础上进行延伸和扩展的网络；二是从用户端和人延伸到了"人、机、物"这三者之间，并进行信息交换和通信。

物联网的概念来源于传媒领域，在物联网的应用中有 3 个关键层，即感知层、网络层和应用层，关于其详细内容会在后面的章节为大家介绍。

随着物联网的不断发展，目前的物体需要满足 3 个条件才能被纳入物联网的范畴，如图 1-1 所示。

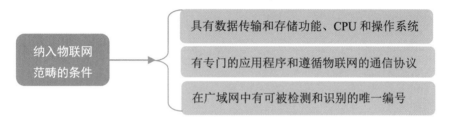

图 1-1　纳入物联网范畴的条件

1.1.2　四大分类，初步了解

物联网的类型可分为私有物联网 (Private IoT)、公有物联网 (Public IoT)、社区物联网 (Community IoT) 和混合物联网 (Hybrid IoT) 这 4 种，如图 1-2 所示。

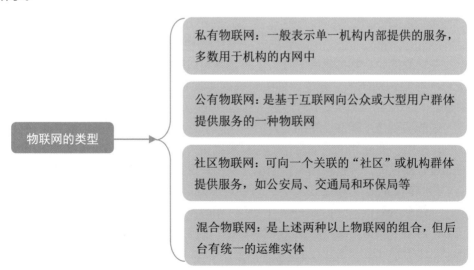

图 1-2　物联网的类型

1.1.3 本质内涵，深度学习

物联网是在计算机互联网基础之上的扩展。它利用全球定位、传感器、射频识别和无线数据通信等技术，创造了一个覆盖世界上万事万物的巨型网络，就像一个蜘蛛网，可以连接到任意角落，如图 1-3 所示。

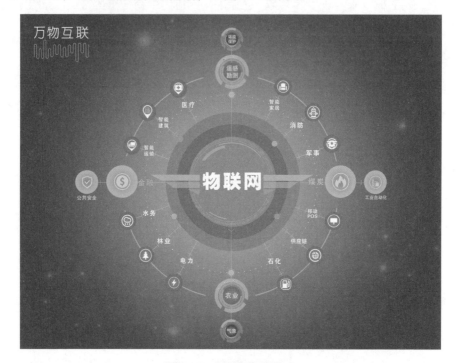

图 1-3 物联网通信模式

在物联网中，物体之间无须人工干预就可以随意地进行"交流"，其实质就是利用射频识别技术，通过计算机互联网实现物体的自动识别及信息的互联与共享。

射频识别技术能够让物品"开口说话"。它通过无线数据通信网络，把存储在物体标签中有互用性的信息，自动采集到中央信息系统，实现物体的识别，进而通过开放性的计算机网络实现信息交换和共享，实现对物品的"透明"管理。

物联网的问世打破了过去一直将物理基础设施和 IT 基础设施分开的传统思维。在物联网时代，任何物品都可与芯片和宽带整合为统一的基础设施，在此意义上，基础设施更像是一块新的地球工地，世界的运转就在它的上面进行。

1.1.4 追本溯源，贯彻了解

"物联网"一词最早出现于比尔·盖茨 (Bill Gates) 于 1995 年创作的《未

来之路》中，但因为当时的科技发展水平和条件相对落后，所以并未引起人们的注意。

1999 年，Auto-ID 在射频识别 (Radio Frequency Identification，RFID) 技术以及互联网等基础上，首先提出"物联网"的概念。同年，中国也提出了和物联网相似的概念，称为"传感网"，并启动了传感网的研发。

2005 年 11 月，国际电信联盟在信息社会世界峰会上发布了《ITU 互联网报告 2005：物联网》，正式提出"物联网"这一概念。报告预言："物联网通信时代即将来临，世界上所有的物体都可以通过 Internet 主动进行交换，射频识别、传感器技术和智能嵌入等技术将得到更广泛的应用。"

1.1.5　终端升级，数据交互

互联网和物联网是继承和发展的关系，物联网是在互联网的基础上发展起来的。互联网和物联网虽然只有一字之差，但是两者还是有一定区别的，具体体现在 4 个方面，如图 1-4 所示。

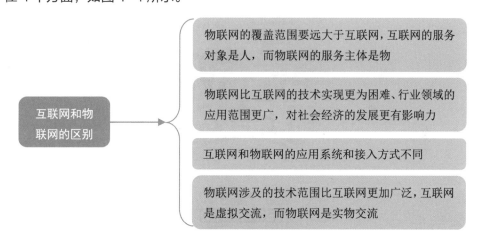

图 1-4　互联网和物联网的区别

互联网向物联网的转变，是终端由计算机变成了嵌入式计算机系统和与之配套的传感器设备，这是信息科技发展的结果。只要硬件或物体连上网，进行数据交互，都可以称之为物联网，如穿戴设备、环境监控设备和虚拟现实设备等。

1.2　发展状况，产业布局

我国物联网产业在政府部门的大力扶持下，通过各种方式正在积极探索发展道路，但是在物联网技术方面，和发达国家相比还存在较大的差距。

目前，我国物联网技术发展迅速，虽然还处在初级阶段，但是正在逐渐深入各个领域和行业当中，应用范围不断扩大。本节就具体从物联网产业的应用模式、物联网产业的社会变迁和就业前景来分析我国物联网产业的市场情况。

1.2.1 三大模式，智能应用

随着技术和应用的发展，特别是移动互联网的普及，物联网的覆盖范围发生了很大的变化，它基于特定的应用模式向着"宽广度"和"纵深向"发展，物联网开始呈现出移动变化的趋势。

在这里，"特定的应用模式"指的是物联网同其他的服务一样，存在着应用方面固有的特征和形式。这类应用模式归结到其用途上，具体可分为智能标签、智能监控和智能控制 3 类。

1．智能标签

标签与标识是一个物体特定的重要象征，在移动物联网时代，物体更是拥有二维码、RFID 标签和条形码等多种智能标签，如图 1-5 所示。

图 1-5　智能标签

通过以上智能标签，可以进行对象识别并获取相关信息。正因为如此，移动物联网领域的智能标签应用已经形成了一定的规模，得到了人们的广泛应用。

2．智能监控

在如今互联网和移动物联网发展迅速的时代，社会中的各种对象和行为都受到了来自通信技术的监控和跟踪。

其实，关于智能监控的生活场景已经可以说是屡见不鲜了，在移动传感器网络中更是时刻关注着社会环境中的各种对象。例如，噪声探头可以检测噪声污染，二氧化碳传感器可以检测大气中二氧化碳的浓度，GPS 技术可以监控车辆位置等。

3．智能控制

在移动物联网的对象识别、信息获取和行为监控等基础上，移动物联网的下一步就是根据传感器网络获取的数据信息，再通过云计算平台或者智能网络，对这些应用作进一步的控制与反馈。

1.2.2 社会变迁，信息交流

"E 社会"(Electronic Society) 是互联网（特别是电子商务和电子金融）出现以后人类社会的各个组成部分，比如个人、家庭、银行、行政机关和教育机构等，以遍布全球的网络为基础，超越时间与空间的限制，打破不同国家、地区以及文化障碍，以实现彼此互联互通，更加平等、安全和准确地进行信息交流的社会模式。

网络传播的全球性、交互性和时效性等特性让人们越来越依赖于网络来安排生活，"E 社会"即在网络中构建了一个虚拟的社会，能够实现人与人之间随时随地地进行通信与联系。

专家提醒

大部分发达国家已完成由传统社会向"E 社会"的转型，这些国家的电话普及率、互联网用户普及率以及计算机普及率均已超过 50%。世界上大多数发展中国家正在向"E 社会"过渡，少数发展中国家已完成了这一过渡。

那什么是"U 社会"呢？近年来，射频识别技术和无线传感网络在各个国家得到了飞速发展和广泛应用。为了能识别、观察和跟踪任何物品，需要在全社会建设、部署和识别网络，而射频识别技术和无线传感网络则成为"U 社会"里一种新的社会基础设施，即"泛在社会"。

马克·魏瑟 (Mark Weiser) 博士首先提出"泛在运算"(Ubiquitous Computing) 的概念。泛在运算并非将基础技术全盘翻新，只是运用无线电网络的科技，通过整合式无缝连接科学技术，让人们在不受时空限制的环境下享用资讯，使用起来更便利和省时。与"E 社会"相比，"U 社会"只多了一个优势，即把社会中所有的物品变为可通信的对象。

"U 社会"的技术支撑着信息技术当前和未来的发展，将支撑社会的"泛在化"。发达国家目前正在规划和有步骤地建设这种社会基础设施，以避免国家、地区、部门和单位间的重复通信。

如果把"E 社会"称为信息社会的初级阶段，则可将"U 社会"叫作信息社会的高级阶段。完成工业化后的发达国家大约用 1/4 世纪的时间可以建成初级的信息社会，预计再用 1/4 世纪的时间建成高级的信息社会。

专家提醒

物联网是当今时代的新兴技术，在生活中的各个方面已被广泛运用。物联网的核心技术就是将传感设备和移动通信技术结合起来，只要在物体里嵌入微型感应器，所有物品便都可以"成活"。运用了物联网技术后，便可将社会带入"U 社会"。

1.2.3 细分领域，就业前景

如今，关注物联网的人越来越多，从事物联网相关行业的人也越来越多，而且许多大学都开设了相关专业和课程，国家也出台了物联网行业的相关鼓励政策。

对于物联网行业的创业者而言，要想突破行业垄断，方法之一就是缩小用户群体，也就是说，要专注于一个细分领域的技术去解决专业问题。缩小用户群体的好处就是既不用担心大企业来抢你的饭碗，又能很容易地找到属于自己的精准用户。

对于物联网行业的从业者和物联网专业的大学生而言，需要不断地学习和积累相关的技术才能满足行业的需求，如单片机编程技术、网络技术、无线技术、传感器技术、终端技术和语音对话算法等。

此外，物联网专业的大学生还需要明确正确的技术观和发展方向，注重实践、勤于上手和多出作品，这样不仅可以提升技术能力，还能增强个人的自信心。毕业后，尽量去中型或大型企业，然后静下心来好好沉淀自己。

1.3 内外协同，促进发展

了解物联网的相关基础知识之后，接下来介绍国内外主要领域的物联网发展情况，以便读者更加全面地了解世界物联网的行业动态。

1.3.1 三个方面，国外概况

下面就从智能交通、智能电网和云计算产业这三个方面来介绍国外物联网的发展概况。

1. 智能交通

智能交通系统 (Intelligent Traffic System，ITS) 将物联网等技术应用在交通运输等方面，加强车辆、道路和使用者之间的联系，从而起到保障交通安全和提高管理效率等作用。图 1-6 所示为智能交通系统。

图 1-6　智能交通系统

智能交通系统作为一种新型交通运输系统，具有实时、高效和准确的特点，能有效地提高交通运输效益，在发达国家被广泛应用。下面就来看看 ITS 在美国、日本和欧洲这三个国家和地区的发展状况。

1) 美国

美国智能交通系统有七大领域，分别是出行和交通管理系统、出行需求管理系统、公共交通运营系统、商用车辆运营系统、电子收费系统、应急管理系统以及先进的车辆控制和安全系统。

目前，美国智能交通系统的发展领先于其他国家。美国发展和建设智能交通系统的策略是让各级政府把它纳入基本投资计划当中，大部分资金由各级政府提供，并调动私营企业的投资积极性。

2) 日本

日本的 ITS 研究开始于 1973 年，其智能交通系统规划体系包括导航系统、安全辅助系统和道路交通管理高效化系统等。日本的智能交通系统主要应用于交通信息提供、电子收费和公共交通等方面。日本通过政府和企业的相互合作，大大调动了企业的积极性，加速了日本智能交通系统的发展。

3) 欧洲

早在 20 世纪 80 年代中期，欧洲十几个国家共同投资 50 多亿美元，用于完善道路设施，提高交通服务水平。现如今，欧洲正在全面进行 Telematics（车载信息服务）的开发，计划在全欧洲建立专门以道路交通为主的无线数据通信网，并进行信息服务和车辆控制等系统的开发。

欧洲在 ITS 的发展中，由各国政府负责基础设施建设的投资，而企业则负责进行个性化项目的开发，如导航和牌照识别等。

2．智能电网

智能电网是电网的升级版，也叫电网 2.0。在发展方面，各国对电力的需求接近饱和。智能电网经过多年的发展，架构趋于稳定成熟，具备了较为充足的输配电供应能力。

美国智能电网的发展主要分为 3 个阶段，即战略规划研究、立法保障和政府主导推进。目前，美国在组织机构、激励政策和标准体系等方面已取得重要进展，为智能电网的发展和建设打下了基础。

和世界其他地区不同的是，欧洲智能电网的发展是以欧盟为核心，制定建设目标，并提供政策和资金作为支撑。欧洲智能电网的主要推动者分别是欧盟委员会、科研机构和欧洲输电及配电运营公司。

日本智能电网的建设以日本经济产业为主导，根据日本企业先进的智能电网技术，选择了 7 个领域和 26 项技术项目作为智能电网发展的重点，如输电系统、广域监视控制系统和配电智能化等。

各个国家和地区都根据自己的实际情况来规划智能电网的发展战略和模式，但不论什么样的规划，智能电网的基础建设都可以归纳为物联网。

3．云计算产业

云计算是分布式计算的一种，也是技术创新的新兴产业，具有非常大的市场潜力和商业价值。世界多个国家和地区都制订了发展云计算产业的战略规划。

美国企业的 IT 系统非常成熟，整体应用时间很长，其行为规范性很强，也更加标准。美国的云计算服务企业实行数据中心全球扩张的战略。例如，企业总部使用某个系统，那么该系统就会普及至全世界的分支机构，集中管控程度非常高。

在技术和产品方面，美国掌握了分布式体系架构等多种云计算核心技术，其云计算的应用也有大规模的普及。美国的电子政务云发展成熟，各部门都不同程度地应用了云计算技术。

欧洲的云计算服务企业主要分布在法国、德国和西班牙等国家，它们都拥有自主产权的云计算产品，对欧洲云计算的发展和应用有着很大的推动作用。但是，欧洲因为各种原因和问题，其云计算产业发展速度要比美国落后。

日本由于在电子器件和通信技术等领域具有领先优势，所以它在服务器、平台管理和应用软件等领域拥有诸多技术和产品。日本一直致力于推广云计算技术，并将其作为社会和产业结构改革的动力。

1.3.2　七个领域，国内概况

说完国外物联网的发展状况，接下来就从智能物流、智能电网和智能交通等七个领域来讲述我国物联网的发展概况。

1. 智能物流

智能物流是让物流系统具有人的感知、判断以及自主解决物流问题的能力。未来我国智能物流的发展会呈现出 4 个趋势，如图 1-7 所示。

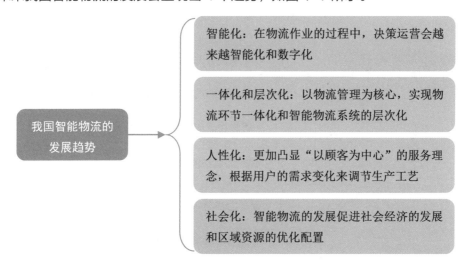

图 1-7　我国智能物流的发展趋势

物联网的出现给物流行业带来了新的发展和机遇，物联网和物流的融合形成了智能化的物流管理网络。智能物流技术服务的典型应用场景如图 1-8 所示。

如今，智能物流正在成为我国物流业转型升级的重要动力。在不久的将来，物联网和云计算等技术越发成熟，万物互联将推动智能物流的发展。目前，我国物流业正处在重要的转型升级期，呈现出一些新的特点，如图 1-9 所示。

智能物流为企业降低了成本，减少了资源浪费，实现了科学管理和企业利润的最大化。近年来，我国智能物流得到稳步发展，其发展现状有 5 个方面的表现，如图 1-10 所示。

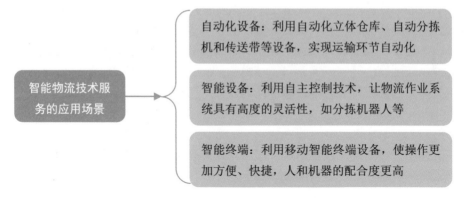

图 1-8　智能物流技术服务的应用场景

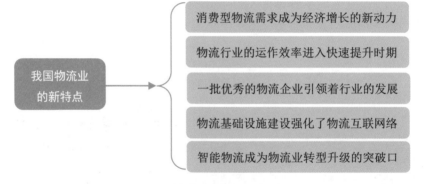

图 1-9　我国物流业的新特点

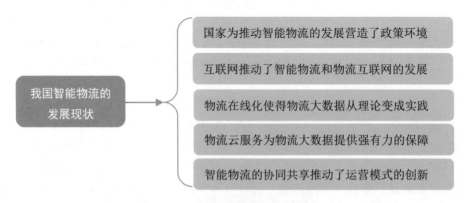

图 1-10　我国智能物流的发展现状

说完智能物流技术服务的应用场景，接着分析智能物流的作用，如图 1-11 所示。

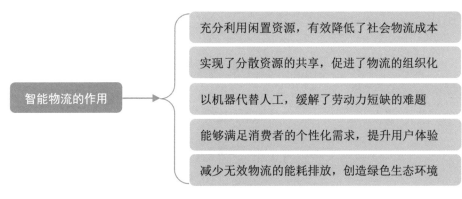

图 1-11　智能物流的作用

2．智能电网

目前，我国的智能电网建设尚处于起步阶段，所以国家开始加快电力网络和物联网的融合。智能电网的核心是实现电网的信息化和智能化，国家电网公司将智能电网的建设规划分为 3 个发展阶段，如今正处于第 3 阶段，这个阶段的目标任务是建设智能电网体系，使我国电网设备达到发达国家的水平。

从我国智能电网发展的现状来看，建设智能电网还需要加强以下方面的工作，具体内容如下。

(1) 增加居民用电的选择余地来实现电价市场化。

(2) 加强配用电网的智能化建设和分布式能源技术的开发。

(3) 强化电力通信网络安全措施，确保用户隐私和信息安全。

(4) 提高研发能源的统一标准，完善相关法律法规。

(5) 加强政府在智能电网建设中的引导、组织和协调作用。

3．智能交通

我国智能交通建设的重点主要有 5 个方面，即交通状态感知和交换、交通诱导和智能化管控、车辆定位和调度、车辆远程监测以及车路协同控制。

随着物联网技术的发展和应用，我国的智能交通建设有了很大的进步，但是各个地区的发展很不平衡，并且和发达国家相比还有很大的差距。图 1-12 指出了我国智能交通建设存在的问题。

4．精准农业

精准农业是一种新型农业，起源于美国。我国自古以来就是农业大国，当下整体的生产方式仍是传统的作业方式，而在农业中应用物联网技术，可以大大减少自然因素对农业生产的影响。

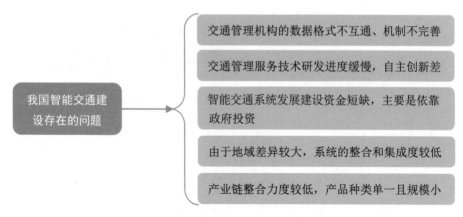

图 1-12 我国智能交通建设存在的问题

基于以上原因，我国加快推进物联网技术在农业领域的应用，改进生产方式和技术，努力缩小与世界发达国家的差距，增强综合国力。目前，我国在农业领域的物联网技术应用主要集中在遥感信息获取、遥测数据传输和信息监测等方面。

精准农业改变了粗放的农业经营管理方式，提高了农作物的产量，带动了现代农业的发展。

专家提醒

近年来，我国的农村生产经营和物联网技术的联系越来越紧密，有的地区利用物联网技术建立了信息集成系统，实现了农业数据的智能化获取和分析。与传统农业相比，精准农业通过网络对收集的数据进行分析，能够实现土地资源的有效利用和农业生产的精准管理，从而提高农业生产经营的效率。

5. 环境监测

在环境监测的过程中应用物联网技术，可以对环境起到保护和监督的作用，能够防患于未然。目前，我国在环境领域的物联网应用主要是污染监测、水质监测和空气监测等方面，总的来说，就是利用物联网技术建立智能环保信息采集的网络和平台。

环境监测通常应用于矿井、水坝、农田和地下车库等场景。图 1-13 所示为 ZigBee 智能农业温室大棚管理系统。

图 1-13　ZigBee 智能农业温室大棚管理系统

6．智能家居

物联网使家居变得智能化，可以根据人们的爱好和需求，创造出舒适的生活环境和空间，给我们的日常生活带来了极大的便利。图 1-14 所示为智能家居系统配置效果，包括报警系统、智能家居和智能监控等。

目前，我国智能家居的发展正在稳步推进，各大企业纷纷研发和推出自己的智能家居产品。在未来，智能家居会随着物联网的发展而不断扩大其应用范围，使物联网技术得到充分的发挥。

在海尔和美的分别发布 U＋智能生活平台和 M-Smart 智能家庭战略之后，百度、阿里巴巴、腾讯和小米等互联网巨头纷纷进军智能家居市场，并且大多选择智能音箱产品作为市场的切入口。

专家提醒

随着大量企业的涌入，我国智能家居行业的投资十分活跃，除了本身从事智能家居产品研发的企业外，还有通过其他领域资源进入智能家居市场的企业。例如，奇虎360公司就是利用其自身的用户流量基础来推广旗下的智能家居产品，节省了品牌前期推广的成本。

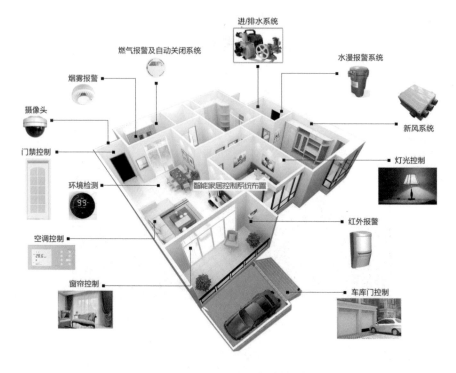

图1-14　智能家居系统配置效果

目前，我国智能家居产品的类型主要以智能家电为主，如智能冰箱、智能空调和智能洗衣机等。中国智能家居产业的发展得益于 5G 技术、物联网以及人工智能技术的进步，可以给消费者带来更好的产品体验。

近年来，在物联网等技术的驱动下，智能家居得到了飞速发展。2021 年，智能家居在技术、市场和行业的变革中将接受新的挑战和机遇，AI、物联网和边缘计算等技术将全面赋能智能家居。

我国与世界其他国家在智能家居的发展模式上存在着较大的差异，具体体现在 5 个方面，如图 1-15 所示。这些差异使得我国智能家居的发展阻力比较大，但总体来说体系较为完善。不过也存在和面临着不少的问题，具体表现在 6 个方面，如图 1-16 所示。

专家提醒

在我国的智能家居品类中，智能照明、家庭安防和智能家电等产品所占的市场份额比例较大。例如，在物联网技术的加持下，中国智能锁的销量猛增，成为智能锁生产和销售大国。

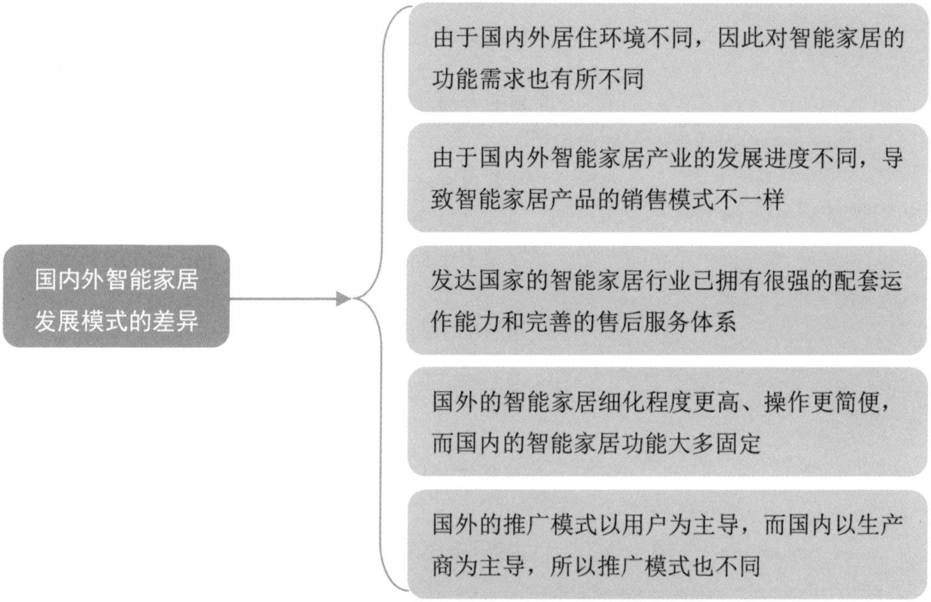

由于国内外居住环境不同，因此对智能家居的功能需求也有所不同

由于国内外智能家居产业的发展进度不同，导致智能家居产品的销售模式不一样

发达国家的智能家居行业已拥有很强的配套运作能力和完善的售后服务体系

国外的智能家居细化程度更高、操作更简便，而国内的智能家居功能大多固定

国外的推广模式以用户为主导，而国内以生产商为主导，所以推广模式也不同

国内外智能家居发展模式的差异

图 1-15　国内外智能家居发展模式的差异

相关部门没有制定统一的行业标准，使企业各自为政

技术人员研发的智能家居与市场和用户的需求不相符

产品研发需要大量的资金，难以量产，导致价格高昂

智能家居的概念还未完全普及，限制了市场持续扩大

某些厂商为了利益对用户进行误导，降低了用户期望

智能家居产品的用户信息隐私安全问题还有待解决

我国智能家居发展存在的问题

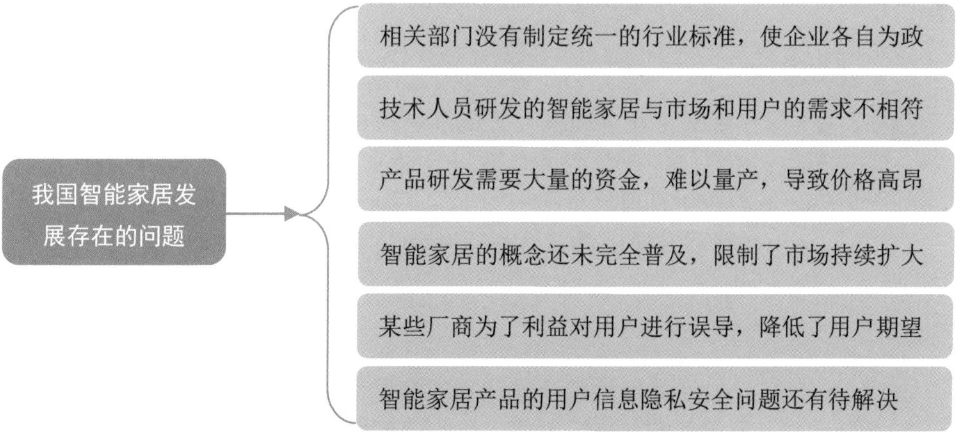

图 1-16　我国智能家居发展存在的问题

我国智能家居未来的发展趋势有 7 个方面，如图 1-17 所示。

7. 智能医疗

随着物联网技术的发展和应用，未来我国医疗信息化将覆盖药品流通和医疗管理等环节，通过可穿戴设备对人体生理数据进行采集，为患者提供远程诊断治疗或自动挂号等服务。

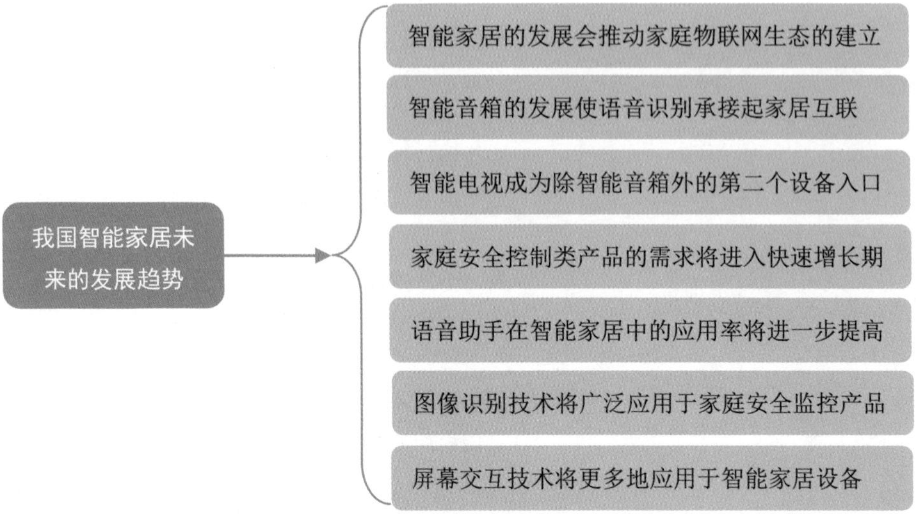

智能家居的发展会推动家庭物联网生态的建立

智能音箱的发展使语音识别承接起家居互联

智能电视成为除智能音箱外的第二个设备入口

我国智能家居未来的发展趋势

家庭安全控制类产品的需求将进入快速增长期

语音助手在智能家居中的应用率将进一步提高

图像识别技术将广泛应用于家庭安全监控产品

屏幕交互技术将更多地应用于智能家居设备

图 1-17　我国智能家居未来的发展趋势

我国医疗信息化快速发展的动力主要来自两个方面：①医疗管理理念的进步和改变，使得对医疗信息化建设的要求更高；②物联网、云计算和大数据等新技术的发展为智能医疗的应用提供了实现的可能性。

专家提醒

传统的医疗设备存在着诸多的问题，为了顺应行业和市场需求，高通、华为等芯片厂商纷纷推出可以支持 NB-IoT/eMTC 通信技术的物联网芯片，推动移动医疗设备的商用普及。NB-IoT/eMTC 通信技术弥补了传统通信技术的不足，成为移动医疗设备的标配。

医疗设备的安全性和智能性等个性化需求将成为未来智能医疗发展的重点，所以智能装置传感器等医疗健康配件成了生产商积极抢占的市场之一。

在物联网快速发展的背景下，众多 IT 企业纷纷进行智能医疗的产业布局。例如，阿里巴巴创立了阿里健康和医疗云服务；百度推出百度医疗大脑解决方案，如图 1-18 所示；腾讯和丁香园、众安保险合作，打造了一系列互联网医疗生态链，推动了医疗行业发展的进程。

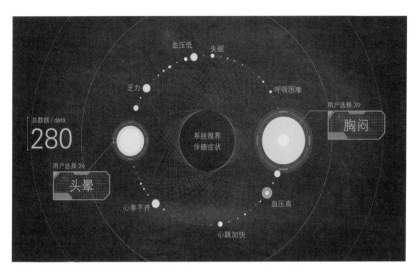

图 1-18　百度医疗大脑解决方案

1.3.3　企业物联，共同发展

在物联网时代，国内各大企业巨头纷纷布局自家的物联网发展战略，下面就一起来看看它们在物联网领域所取得的进展和成就。

1. 腾讯

腾讯旗下的物联网终端操作系统 TencentOS tiny，能有效降低设备规格和功耗需求，资源占用极少且具有多个安全分级方案。它的只读内存镜像 ROM(Read-Only Memory) 容量最小仅 1.8KB，最低休眠功耗为 2 微安，如图 1-19 所示。

在储存和资源占用上，TencentOS tiny 提供了非常精简的 RTOS 内核；在功耗方面，使用了高效功耗管理框架，能够针对不同场景智能降低功耗，这使得开发者可以根据业务场景选择不同的低功耗方案，以延长设备的寿命。

腾讯 TencentOS tiny 还具有丰富的应用场景，比如 MCU 芯片 /IoT 模组、物联网终端设备厂家和物联网解决方案等，如图 1-20 所示。

另外，通过物联网通信服务，腾讯还具有非常完善的能源物联解决方案，如图 1-21 所示，能够实时监控设备和进行大数据处理，助力能源行业革新。

能源物联解决方案不仅可以分享腾讯在物联网领域的技术和经验，还可以吸取世界物联网领域的优秀成果和创新理念，进而推动整个能源行业的发展和万物互联时代的到来。

TencentOS tiny 的特性

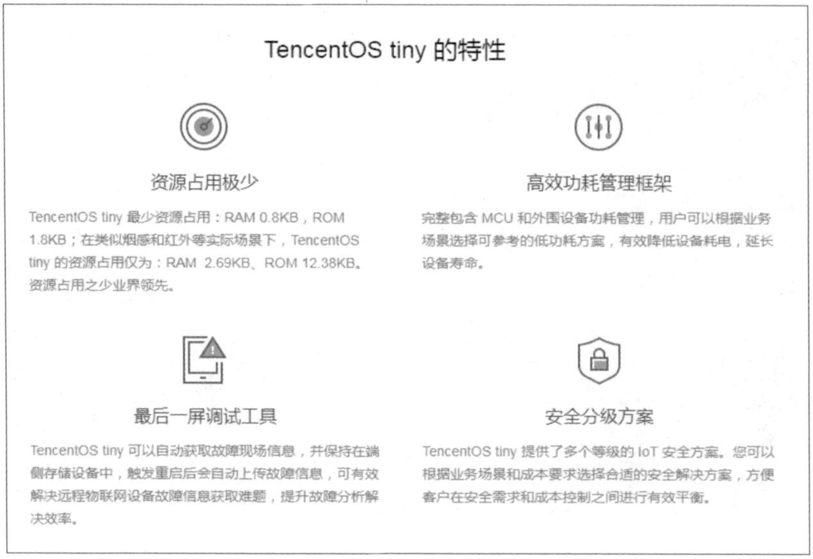

资源占用极少

TencentOS tiny 最少资源占用：RAM 0.8KB，ROM 1.8KB；在类似烟感和红外等实际场景下，TencentOS tiny 的资源占用仅为：RAM 2.69KB、ROM 12.38KB。资源占用之少业界领先。

高效功耗管理框架

完整包含 MCU 和外围设备功耗管理，用户可以根据业务场景选择可参考的低功耗方案，有效降低设备耗电，延长设备寿命。

最后一屏调试工具

TencentOS tiny 可以自动获取故障现场信息，并保持在端侧存储设备中，触发重启后会自动上传故障信息，可有效解决远程物联网设备故障信息获取难题，提升故障分析解决效率。

安全分级方案

TencentOS tiny 提供了多个等级的 IoT 安全方案。您可以根据业务场景和成本要求选择合适的安全解决方案，方便客户在安全需求和成本控制之间进行有效平衡。

图 1-19　TencentOS tiny 产品特性

应用场景

MCU 芯片/IoT 模组	物联网终端设备厂家	物联网解决方案

TencentOS tiny 提供完整的终端软件栈，简单易用的端云 SDK 缩短设备厂家的开发周期，进而节省终端产品开发成本。

图 1-20　TencentOS tiny 应用场景

　　结合腾讯云物联网开发平台 IoT Explorer，腾讯云物联网已经完全打通芯片通信开发和网络支撑服务等全链条物联网云开发服务的能力，具有用户管理、设备分享、场景联动和消息管理等多种功能，如图 1-22 所示。

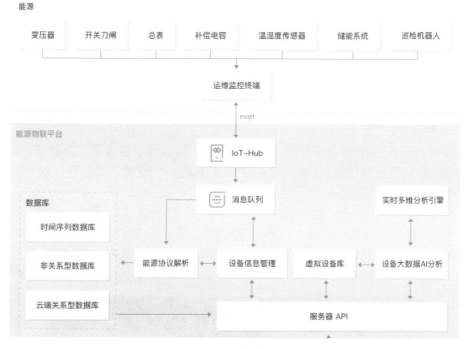

图 1-21　能源物联解决方案

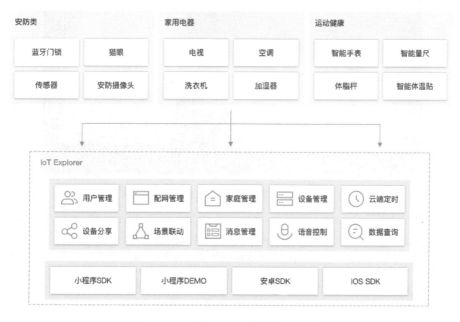

图 1-22　IoT Explorer 的架构

腾讯云 IoT Explorer 是腾讯发布的一站式物联网开发平台,该平台可以让物联网开发者通过开发功能工具接入众多硬件设备,并提供覆盖零售、制造、家居和物流等多个场景的物联网应用开发能力。

腾讯云 IoT Explorer 的发布对腾讯物联网领域的探索具有里程碑式的意义,它可能为 IoT 的爆发式增长扫清了最后一道障碍。

2. 阿里巴巴

阿里巴巴的物联网战略始于 2018 年 3 月,阿里云总裁表示:计划在未来 5 年内连接 100 亿台设备。同年 7 月,阿里云和西门子正式达成合作,双方共同协助工业物联网的发展。

之后阿里巴巴发布了物联网操作系统 AliOS Things 3.0 版本,致力于搭建云端一体化物联网基础设施,如图 1-23 所示。AliOS Things 具有安全防护等关键能力,同时支持终端设备连接到阿里云链,可广泛应用在智能家居、智能办公、智慧城市和空气检测等领域。

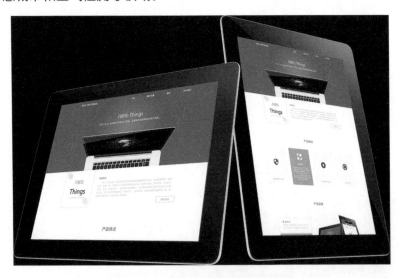

图 1-23　AliOS Things 3.0 版本

目前,AliOS Things 的服务设备品类已有智能空调和智能音箱等。AliOS Things 3.0 版本拥有全新的应用开发框架,可以让用户快速创建项目,十分简单方便,且具有彻底、全面的安全保护性能。

3. 华为

华为对物联网行业的发展起着重要的推动作用,为物联网提供了一系列通信芯片、物联网终端操作系统、移动物联网网络以及物联网平台和生态建设等解决方案。

Boudica 芯片是华为在物联网领域发布的业界首款 NB-IoT 芯片，如图 1-24 所示。目前已经量产商用，内置了自主研发的物联网操作系统 Huawei LiteOS。

图 1-24 NB-IoT 芯片

Huawei LiteOS 是华为开发的物联网操作系统，具有多个数据采集程序，如数据透传等，如图 1-25 所示，能够降低开发门槛、缩短开发周期，并广泛应用在可穿戴设备、智能家居和车联网等领域。

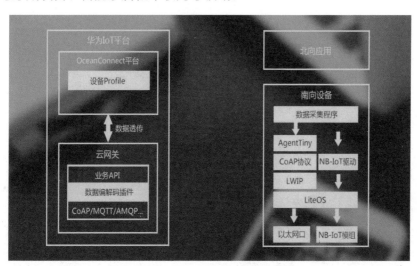

图 1-25 Huawei LiteOS 架构

华为打造的云 IoT 城市物联网服务利用标准化数据接口，应用于智慧农牧、智慧环保、智慧监控、车联网和智慧消防等多个领域，还为城市管理者决策提供数据参考，如图 1-26 所示。

图1-26 云IoT城市物联网服务

华为云 IoT 物联网平台面向运营商和企业及行业领域,与 HiLink 互通,可以帮助用户快速接入多种商业终端,集成多种商业应用,如图 1-27 所示。目前已经有 150 多个园区、城市项目和十几家战略合作地产商构建了物联网生态。

图1-27 HiLink 互通

华为云 IoT 物联网还面向合作伙伴的生态使能服务平台,为其提供产品技术和行业联合方案的开发、SDK 集成、测试和认证等服务,可以实现设备的极速适配和连接，并具有自动识别设备功能，如图 1-28 所示。

图 1-28　设备适配与连接

4. 百度

百度云致力于通过先进的 ABC（指人工智能＋大数据＋云计算三位一体战略）＋物联网技术，为汽车、家居、交通和医疗等诸多领域提供解决方案，开启了万物互联的时代。图 1-29 所示为百度智能云天工物联网平台。

图 1-29　百度智能云天工物联网平台

1.4　本章小结

　　本章首先介绍了物联网的基本知识，包括定义、分类、本质和历史进程等；然后介绍了物联网的发展状况，包括应用模式、社会变迁和就业前景；最后主要从国内和国外两个方面，介绍了物联网在各个行业的产业布局。

1.5　本章习题

　　1-1　物联网的定义是什么？

　　1-2　请具体说明物联网的类型有哪 4 种。

第 2 章

驱动新技术，通晓新应用

学前
提示

目前，物联网的发展尚处于初始阶段，所以要想完全了解物联网是比较困难的。本章主要讲述物联网的三大层次、三大系统、安全问题和产业情况，让读者更好地了解物联网的技术应用和安全体系。

2.1　三大层次，构建框架

类似于仿生学，让每件物品都具有"感知能力"，就像人有味觉、嗅觉和听觉一样，物联网模仿的便是人类的思维能力和执行能力，而这些拟人化功能的实现需要通过感知、网络和应用方面等多项技术才能实现。所以，物联网的基本框架可分为感知层、网络层和应用层。

2.1.1　感知层——核心能力

感知层是物联网的底层，它是实现物联网全面感知的核心能力，主要解决生物世界和物理世界的数据获取和连接问题。

物联网是各种感知技术的广泛应用。物联网上有大量的多种类型传感器，不同类别的传感器所捕获的信息内容和信息格式不同，所以每个传感器都是一个独立的信息源。传感器获得的数据具有实时性，是按一定的频率周期性地采集环境信息，并不断地更新数据。

物联网运用的射频识别器、全球定位系统和红外感应器等传感设备，其作用就像是人的五官，可以识别和获取各类事物的数据信息。通过这些传感设备，能让任何没有生命的物体都拟人化，让物体也可以有"感受和知觉"，有了这些传感设备才能实现物体的智能化控制。

一般来说，物联网的感知层包括二氧化碳浓度传感器、温湿度传感器、二维码标签、电子标签、条形码和读写器及摄像头等感知终端。感知层的主要功能是识别物体和采集信息，一般能支持 200 个物理感知节点，如图 2-1 所示。

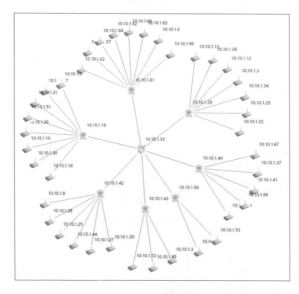

图 2-1　感知层

专家提醒

对于目前关注和应用较多的射频识别网络来说，附着在设备上的射频识别标签、用来识别射频信息的扫描仪和感应器都属于物联网的感知层。

2.1.2 网络层——基础设施

广泛覆盖的移动通信网络是实现物联网的基础设施，网络层主要解决感知层所获得的数据的长距离传输问题。它是物联网的中间层，是物联网三层中标准化程度最高、产业化能力最强和最成熟的部分，由各种私有网络、互联网、有线通信网、无线通信网、网络管理系统和云计算平台组成，相当于人的神经中枢和大脑，负责传递和处理感知层获取的信息。

网络层主要通过因特网和各种网络的结合，对接收到的各种感知信息进行传送，并实现信息的交互共享和有效处理，关键在于对物联网应用特征进行优化和改进，形成协同感知的网络。

网络层的目的是实现两个端系统之间的数据透明传送，其具体功能包括寻址、路由选择，以及连接的建立、保持和终止等。它提供的服务使运输层不需要了解网络中的数据传输和交换技术就可工作。

网络层的产生是物联网发展的结果。在联机系统和线路交换的环境中，通信技术实实在在地改变着人们的生活和工作方式。传感器是物联网的"感觉器官"，通信技术则是物联网传输信息的"神经"，实现信息的可靠传送。

通信技术特别是无线通信技术的发展，为物联网感知层所产生的数据提供了可靠的传输通道。因此，以太网、移动网和无线网等各种相关通信技术的发展为物联网数据的信息传输提供了可靠的传送保证。

专家提醒

物联网网络层是三层结构中的第二层，物联网要求网络层把感知层接收到的信息高效、安全地进行传送。它解决的是数据远距离传输问题，且网络层承担着比现有网络更大的数据量和更高的服务质量要求。物联网将会对现有网络进行融合和扩展，利用新技术来实现更加广泛、高效的互联功能。

2.1.3 应用层——用户接口

物联网应用层是提供丰富的基于物联网的应用，是物联网和用户（包括人、组织和其他系统）的接口。它与行业需求相结合，能够实现物联网的智能应用，也是物联网发展的根本目标。

物联网的行业特性主要体现在其应用领域，目前绿色农业、工业监控、公共安全、城市管理、远程医疗、智能家居、智能交通和环境监测等各个行业均有物联网应用的尝试，某些行业已经积累了一些成功的案例，如图 2-2 所示。

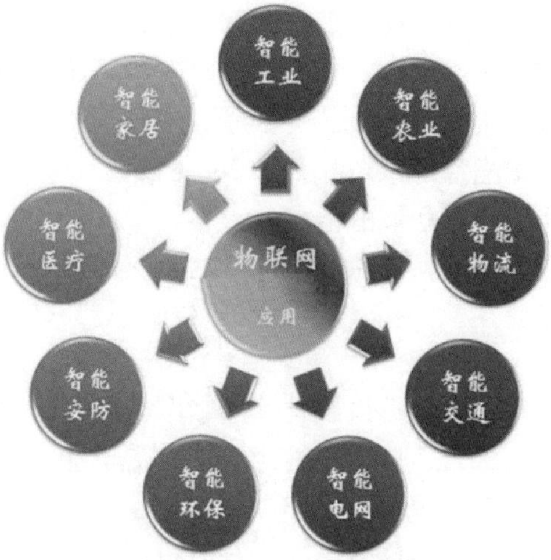

图 2-2　物联网的应用领域

将物联网技术与行业信息化需求相结合，实现广泛智能化应用的解决方案，关键在于物联网的行业融合、信息资源的开发利用、低成本高质量的解决方案、信息安全的保障以及有效的商业模式的开发。

专家提醒

感知层所收集到的大量、多样化的数据需要进行相应处理才能用于做出智能的决策。海量的数据存储与处理，需要更加先进的计算机技术。近些年，随着不同计算技术的发展与融合所形成的云计算，被认为是物联网发展最强大的技术支持。

云计算技术为物联网海量数据的存储提供了平台，其中，数据挖掘技术和数据库技术的发展为海量数据的处理分析提供了可能。

物联网应用层的标准体系主要包括应用层架构标准、软件和算法标准、云计算技术标准、行业或公众应用类标准以及相关安全体系标准。

应用层架构是面向对象的服务架构，包括 SOA 体系架构、业务流程之间的通信协议、面向上层业务应用的流程管理、元数据标准以及 SOA 安全架构标准。

软件和算法技术标准包括数据存储、数据挖掘、海量智能信息处理和呈现等。

安全标准重点有安全体系架构、安全协议、用户和应用隐私保护、虚拟化和匿名化以及面向服务的自适应安全技术标准等。

云计算技术标准重点包括开放云计算接口、云计算互操作、云计算开放式虚拟化架构（资源管理与控制）和云计算安全架构等。

行业或公众应用类标准主要包括传感器技术规范、信号接口规范、信息安全通用技术规范及标识传感节点编码规范等。

专家提醒

物联网是新型信息系统的代名词，它是三个方面的组合：①"物"，即由传感器、射频识别器以及各种执行机构实现的数字信息空间与实际事物相关联；②"网"，即利用互联网将这些"物"和整个数字信息空间进行互联，以便广泛地应用；③应用，即以采集和互联作为基础，深入、广泛和自动化地采集大量信息，以实现更高智慧的应用和服务。

2.2　三大系统，组成体系

物联网是在互联网基础上架构的关于各种物理产品信息服务的总和，它主要由三个体系组成：①运营支撑系统，即关联应用服务软件、门户、管道和终端等各方面的管理；②传感网络系统，即通过现有的互联网、广电网络和通信网络等实现数据的传输与计算；③业务应用系统，即输入和输出控制终端。

2.2.1　运营支撑，管理平台

物联网在不同行业的应用，需要解决网络管理、设备管理、计费管理和用户管理等基本运营管理问题，这就需要一个运营平台来支撑。物联网运营平台是为各个行业服务的基础平台，在此基础上建立的行业平台有智能工业平台、智能农业平台和智能物流平台等。

物联网运营支撑中的每个平台还可以在此基础上建立多个行业平台，如当前电信运营的 BOSS 平台，只有在完成一些基本的管理功能之后，上层行业应用才可以快速添加。

专家提醒

物联网运营平台对大企业和小企业进入物联网行业都有促进作用。根据物联网运营平台的基础服务特性，最适合提供此服务的是运营商。不过由于运营商的垄断性，它们并不能根据用户需求提供服务，因而缺乏生命力。

物联网的运营支撑系统主要依靠的是信息物品技术。为了保证最终用户的应用服务质量，必须关联应用服务软件、门户、管道和终端等各方面，融合不同架构和不同技术，完成对最终用户有价值的端到端管理。

物联网的运营支撑和传统的运营支撑不同。在新环境下，整个支撑管理涉及的因素和对象中，管理者对其的掌控程度是不同的，有些是管理者所拥有的，有些是可管理的，有些是可影响的，有些是可观察的，有些则是完全无法接入和获取的。为了完成全程的支撑管理，对于这些不同特征的对象，必须采取不同的策略。

物联网强调"物"的连接和通信。对于端点来说，这种通信涉及传感与执行两个重要方面，而将这两个方面关联起来就是闭环控制。

专家提醒

在物联网环境下，有很多闭环形态。例如，有些闭环是前端自成系统，只是通过网络发送系统的状态信息，接收配置信息；有些通过后台服务形成闭环，需要广泛互联所获取的信息并综合处理后进行闭环的控制；有些则是不同形态的结合；等等。

所有的这些闭环和以往的人机、人人之间的通信是大不相同的，其运营支撑、服务和管理有很多新的因素需要考虑。

2.2.2 传感网络，运输需求

物联网的传感网络系统是将各类信息通过信息基础承载网络，传输到远程终端的应用服务层。它主要包括各类通信网络，如互联网、移动通信网和小型局域网等。网络层所需要的关键技术包括长距离有线、无线通信技术和网络技术等。

通过不断升级，物联网的传感网络系统可以满足未来不同的传输需求，特别是当三网融合（三网融合是指电信网、计算机网和有线电视网三大网络通过技术改造能够提供包括语音、数据和图像等在内的综合多媒体的通信服务）后，有线电视网也能承担物联网网络层的功能，有利于加快物联网普及的进程。

2.2.3　业务应用，通信功能

在物联网的体系中，业务应用系统由通信业务能力层、物联网业务能力层、物联网业务接入层和物联网业务管理域 4 个功能模块构成。它提供通信业务能力、物联网业务能力、业务路由分发、应用接入管理和业务运营管理等核心功能。

通信业务能力层是由各类通信业务平台构成的，包括 WAP(无线应用协议)、短信、彩信、语音和定位等多种能力。

物联网业务能力层通过物联网业务接入层，为应用提供物联网业务能力的调用，包括终端管理、感知层管理、物联网信息汇聚中心和应用开发环境等能力平台。

物联网业务接入层的主要部分为物联网信息汇聚中心，用于收集和存储来自于不同地域、不同行业和不同学科的海量数据和信息，并利用数据挖掘和分析处理技术，为客户提供新的信息增值服务。

应用开发环境为开发者提供从终端到应用系统的开发、测试和执行环境，并将物联网通信协议、通信能力和物联网业务能力封装成 API(应用程序编程接口)、构件和应用开发模板。

专家提醒

物联网的根本还是为人服务，帮助人们更方便、快捷地完成物品信息的汇总、共享、分析和决策等。运营支撑系统对物品进行基础信息采集，并接收上层网络送来的控制信息，执行相应的动作。

传感网络系统主要借助已有的广域网通信系统 (如 PSTN 网络、3G/4G 移动网络和互联网等)，把感知层感知到的信息快速、可靠和安全地传送到各个地方。业务应用系统则是完成物品与人的最终交互。

在物联网参考业务体系架构中，物联网业务管理域只负责物联网业务管理和运营支撑功能，原 M2M(Machine-to-Machine，机器对机器) 管理平台承担的业务处理功能和终端管理业务能力被分别划拨到物联网业务接入层和能力层。

物联网业务管理域的功能主要包括业务能力管理、应用接入管理、用户管理、订购关系管理、鉴权管理、增强通道管理、计费结算、业务统计和管理门户等功能。增强通道管理由核心网、接入网和业务接入层相互配合共同完成，包括用户业务特性管理和通信故障管理等功能。

为了实现对物联网业务的承载，接入网和核心网也需要进行配合优化，并提供适合物联网应用的通信能力。

通过识别物联网通信业务特征，进行移动性管理、网络拥塞控制、信令拥塞控制和群组通信管理等功能的补充和优化，并提供端到端 QoS(Quality of Service，服务质量）管理以及故障管理等增强通道功能。

2.3 提前预防，安全问题

物联网作为新兴的技术产物，体系结构比互联网更加复杂。由于物联网没有统一的标准，所以各方面的安全问题非常突出。随着物联网行业的发展，其安全性问题将会成为制约物联网应用的重要因素。

专家提醒

在物联网技术应用的过程中，被连接的物体具有一定的感知、计算和执行能力。所以，个人隐私和国家信息都有可能被非法获取，导致物联网的安全问题成为影响国家发展和社会稳定的隐患。

本节主要介绍物联网技术的安全性问题，包括物联网的安全体系、三个层次的安全以及如何进行安全管理等。

2.3.1 三个方面，安全体系

要想实现物联网的大规模应用，就要解决信息安全和网络安全问题，在物联网的应用过程中要做到信息化和安全化的平衡。物联网的安全体系主要有三个方面，如图 2-3 所示。

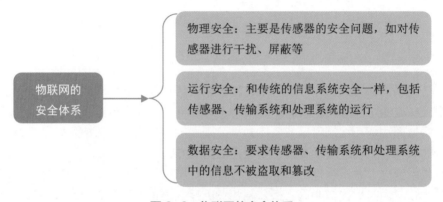

图 2-3　物联网的安全体系

2.3.2 三个层次，发现问题

物联网感知层的主要功能是智能感知外界信息，因此感知层的安全问题主要来源于两个方面：①因感知层的感知通道被占用，导致无法感知外界信息和进行数据收集；②因感知层被攻击而导致信息传递出现时差，使得信息被泄露。传感器网络安全技术主要包括基本安全框架、密钥分配和安全路由等。

射频识别技术是物联网感知层的核心技术之一，采用射频识别技术的网络安全问题主要有两个方面，如图 2-4 所示。

图 2-4 射频识别技术的网络安全问题

当然，除了上述两大问题外，还有通信链路的安全问题。目前，解决射频识别技术网络安全问题的方法主要有物理方法和密码机制方法。

物联网网络层的主要功能是实现信息的转发和传送，按功能可以分为接入层和核心层，所以其安全问题主要有两个方面，如图 2-5 所示。

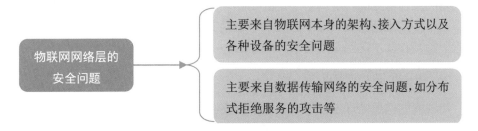

图 2-5 物联网网络层的安全问题

专家提醒

除了物联网三个层次的安全问题外，物联网的安全问题还有网络威胁和加密威胁问题。其实，即使保证物联网三个层次的安全和终端设备不被盗窃，也无法完全保证整个物联网系统的安全。所以，企业在网络和数据方面一定要慎之又慎，尽量避免最坏的情况发生。

由于物联网应用层中的数据可能包含用户的个人信息和隐私，所以如果应用层遭到恶意攻击，将会导致用户数据被泄露。又因为物联网涉及众多的领域和行业，所以物联网应用层的安全问题不容忽视。

物联网应用层的安全问题主要有四个方面，如图 2-6 所示。

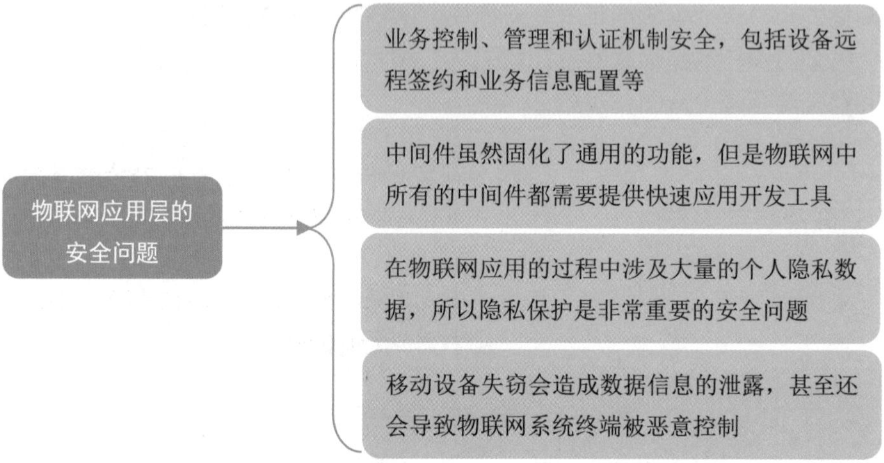

物联网应用层的安全问题

业务控制、管理和认证机制安全，包括设备远程签约和业务信息配置等

中间件虽然固化了通用的功能，但是物联网中所有的中间件都需要提供快速应用开发工具

在物联网应用的过程中涉及大量的个人隐私数据，所以隐私保护是非常重要的安全问题

移动设备失窃会造成数据信息的泄露，甚至还会导致物联网系统终端被恶意控制

图 2-6　物联网应用层的安全问题

2.3.3　四个角度，安全管理

虽然现在物联网行业有了一定的发展，但是其研究和应用还处在初级阶段，很多理论和技术有待突破。下面就从物联网安全的特点、技术架构、模型以及安全管理的核心技术这四个角度来具体介绍。

1. 物联网安全的特点

物联网的信息处理过程体现了物联网安全的特点和要求，其中无线传感器网络 (Wireless Sensor Network，WSN) 是物联网的关键技术，其安全特点主要有六点，如图 2-7 所示。

专家提醒

物联网安全的特点主要有三个方面的要求，即感知信息的多样化、网络环境的多样化以及应用需求的多样化，这导致网络规模和数据的处理量非常大，且决策控制复杂，对物联网的发展和应用来说是不小的挑战。

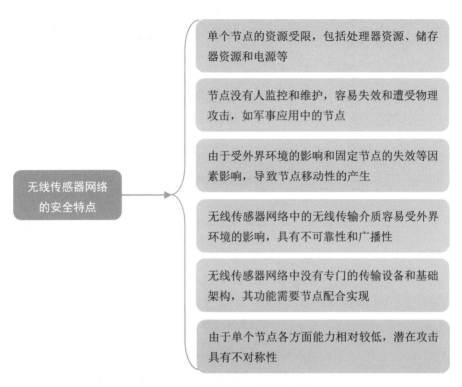

无线传感器网络的安全特点

单个节点的资源受限，包括处理器资源、储存器资源和电源等

节点没有人监控和维护，容易失效和遭受物理攻击，如军事应用中的节点

由于受外界环境的影响和固定节点的失效等因素影响，导致节点移动性的产生

无线传感器网络中的无线传输介质容易受外界环境的影响，具有不可靠性和广播性

无线传感器网络中没有专门的传输设备和基础架构，其功能需要节点配合实现

由于单个节点各方面能力相对较低，潜在攻击具有不对称性

图 2-7　无线传感器网络的安全特点

2．物联网安全的技术架构

物联网安全的技术架构具有应用环境安全技术、网络环境安全技术、信息安全防御技术和信息安全基础技术这四个方面，如图 2-8 所示，它们共同维护了物联网的安全发展。

3．物联网安全的模型

物联网安全的模型主要包括三个部分，即安全的电子标签、可靠的数据传输和可靠的安全管理，如图 2-9 所示。物联网安全模型的构建是企业稳步发展必不可少的环节之一。

4．安全管理的核心技术

物联网安全管理的核心技术主要有六个方面，分别是安全需求和密钥管理系统、数据处理和隐私保护、安全路由协议、认证技术和访问控制、入侵检测和容侵容错、决策和控制安全。

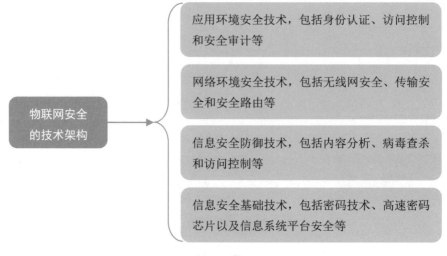

图 2-8　物联网安全的技术架构

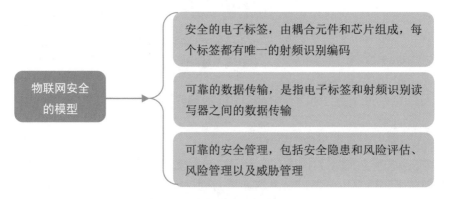

图 2-9　物联网安全的模型

(1) 安全需求和密钥管理系统。

这里的安全需求是指无线传感器网络的安全需求，主要包括五个方面，如图 2-10 所示。

密钥管理系统可以分为对称密钥管理系统和非对称密钥管理系统，在对称密钥管理系统中，其分配方式有三种，即基于密钥分配中心方式、预分配方式及基于分组分簇方式。

(2) 数据处理和隐私保护。

在物联网的应用过程中，要考虑信息收集的安全性和数据传输的私密性。因此，物联网技术能否被广泛地推广和应用，很大程度上取决于是否能保障个人信息数据和隐私的安全。由于在数据处理过程中会涉及隐私保护问题，所以需要提高物联网技术的安全性。隐私保护的方法主要有位置伪装、时空匿名及空间加密等。

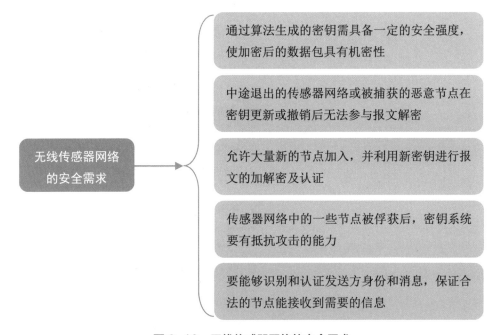

无线传感器网络的安全需求

通过算法生成的密钥需具备一定的安全强度，使加密后的数据包具有机密性

中途退出的传感器网络或被捕获的恶意节点在密钥更新或撤销后无法参与报文解密

允许大量新的节点加入，并利用新密钥进行报文的加解密及认证

传感器网络中的一些节点被俘获后，密钥系统要有抵抗攻击的能力

要能够识别和认证发送方身份和消息，保证合法的节点能接收到需要的信息

图 2-10　无线传感器网络的安全需求

(3) 安全路由协议。

因为物联网的路由需要跨越多种网络，所包含的协议也各有不同，所以物联网路由至少要解决多网融合的路由和传感网的路由这两个问题。多网融合的路由问题可以通过把身份标识映射成相似的 IP 地址，以实现基于地址的统一路由体系；传感网的路由问题则需要设计抗攻击的安全路由算法来解决。

(4) 认证技术和访问控制。

认证指的是用户通过某种方法来证明自己信息的真实性，网络中的认证主要有身份认证和消息认证两种。在物联网的认证机制中，传感网的认证是非常重要的部分，无线传感器网络的认证技术主要有图 2-11 所示的几种。

访问控制指的是对用户合法使用资源的认证和控制。对于物联网来说，感知网络是末端，采用角色形式来控制资源还不够灵活。

(5) 入侵检测和容侵容错。

容错指的是在发生故障的情况下，系统依然可以正常工作。目前，对容错技术的研究主要有三个方面，如图 2-12 所示。

容侵，顾名思义，就是对侵入行为的容忍，指的是在存在恶意入侵的情形下，网络依然可以正常运行。目前，无线传感器网络的容侵技术主要应用于网络拓扑容侵、安全路由容侵和数据传输过程中的容侵机制。

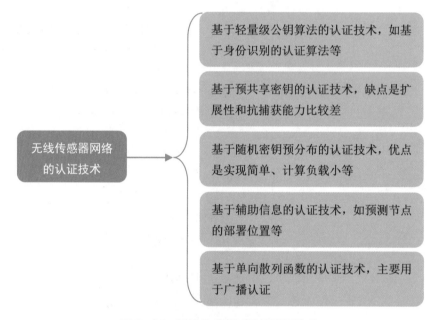

图 2-11　无线传感器网络的认证技术

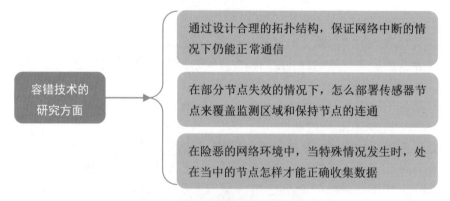

图 2-12　容错技术的研究方面

　　入侵检测的意思是检测入侵行为，通过收集和分析各种信息和数据，检查网络和系统中是否有违反安全策略的行为或受攻击的现象。入侵检测系统采用的技术有两种，即特征检测和异常检测。

　　(6) 决策和控制安全。

　　物联网中数据的流动是双向的：一方面是从感知端收集各种信息，然后经过处理，存储在网络的数据库中；另一方面是根据用户的需求来进行数据挖掘、决策和控制，以实现和所有互联物体的互动。

2.4　六大模块，实际应用

物联网的兴起与快速发展使得智能应用这一概念火热起来，越来越多的人希望利用自己的手机或者其他移动电子设备，通过物联网技术与家中的家电设备连接，并进行全方位的智能控制，以此开启一个便捷的智慧生活时代。

2.4.1　智能家居，方便快捷

HomeKit 是苹果旗下的智能家居平台，支持苹果 HomeKit 智能家居的产品很多，如智能摄像机、智能门锁、智能开关、智能传感器和智能窗帘电机等，如图 2-13 所示。

| 智能门锁 | 智能摄像机 | 智能窗帘电机 | 智能空调控制 |
| 智能开关 | 智能传感器 | 智能照明 | 智能插座 |

图 2-13　HomeKit 支持的产品种类

通过苹果打造的 HomeKit 智能家居平台可以了解家居状态，并单独控制智能设备，也可以通过 Siri(苹果智能语音助手) 来控制，比如对 Siri 说"晚安"就能关闭智能灯。用户还可以根据自己的生活习惯进行个性化的情景定制。

HomeKit 智能家居平台具有配置简单、界面精美和交互自然的优点，但是接入 HomeKit 的流程比较复杂，且审核非常严格。此外，HomeKit 和其他品牌的智能家居相比，还有如图 2-14 所示的这些优势。

HomeKit 对接入的配件审核比较严格，所以安全可靠

HomeKit 的操作非常简便，只需自带的 App 扫码即可

HomeKit 智能家居平台的优势

即使 WiFi 断网，依然可以通过手机来操控 HomeKit

HomeKit 的设备信息数据不会存储在云端，安全性好

图 2-14　HomeKit 智能家居平台的优势

2.4.2　农业应用，精细管理

农业是国民经济一个重要的产业部门，它是培育动植物、生产食品及工业原料的产业。农业的有机组成部分包括种植业、渔业、林业、牧业及副业等。而智能农业是近几年来，随着物联网技术的不断发展衍生出的新型农业形式，如自动驾驶收割机，它是传统农业的转型，如图 2-15 所示。

图 2-15　自动驾驶收割机

传统农业中，农民全靠经验来给作物浇水、施肥和打药，若不小心判断错误，可能会直接导致颗粒无收。但是如今，智能农业会用精确的数据告诉农民作物的浇水量，施肥和打药精确的浓度，需要供给的温度、光照和二氧化碳浓度等信息。

所有作物在不同生长周期曾被感觉和经验处理的问题，都有信息化智能监控

系统实时定量精确把关，农民只需按个开关就能种好菜、养好花和获得好收成。

那么以上的智能化操作是靠什么做到的呢？这就需要用到智能农业依赖的物联网技术了。其实，智能农业是用大量的传感器节点构成监控网络，通过各种传感器采集信息，以帮助农民及时发现问题。

这样的农业将逐渐地从以人力为中心、依赖于孤立机械的生产模式，转向以信息和软件为中心，从而推动了大量使用各种自动化、智能化和远程控制生产设备的进程。

专家提醒

　　将收集的参数和信息进行数字化的转化后，实时传入网络平台进行汇总整合，再根据农产品生长的各项指标要求，进行定时、定量和定位的计算处理，从而使特定的农业设备及时、精确地自动开启或者关闭，如远程控制节水灌溉、节能增氧和卷帘开关等，以保障农作物良好生长。

智能农业能对气候、土壤和水质等环境数据进行分析研判，并合理规划园区分布和选配农产品品种，科学地指导生态轮作。它的基本含义是根据作物生长的土壤性状，调节对作物的投入，主要包含两个方面的内容，如图 2-16 所示。

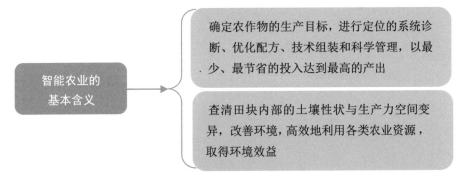

图 2-16　智能农业的基本含义

智能农业还包括智能粮库系统，该系统通过将粮库内温湿度变化的感知设备与计算机或手机进行连接，从而能够实时观察和记录现场情况，以保证粮库的温湿度平衡。

通过在生产加工环节给农产品自身或货运包装加装射频识别电子标签，或在仓储、运输和销售等环节不断地更新并添加相关信息，智能农业构造了有机农产品的安全溯源系统。

有机农产品的安全溯源系统集成了现代生物技术、农业工程和农用新材料等学科，以现代化农业设施为依托，科技含量、产品附加值、土地产出率和劳动生产率都极高，是我国农业新技术革命的跨世纪工程。图 2-17 所示为现代科技设备农业可检测因素。

气候环境检测	土壤环境监测	空气质量检测
空气温度	土壤温度	CO CO浓度
空气湿度	土壤湿度	CO₂ CO2浓度
大气压力	土壤张力	NO2浓度
光照度	土壤电导率	SO₂ SO2浓度
风速	Pn 土壤pH值	O₂ O2浓度
风向		粉尘监测
降雨量		PM2.5
水面蒸发量		PM10
叶面湿度		H₂S H2S浓度
		NH₃ NH3浓度

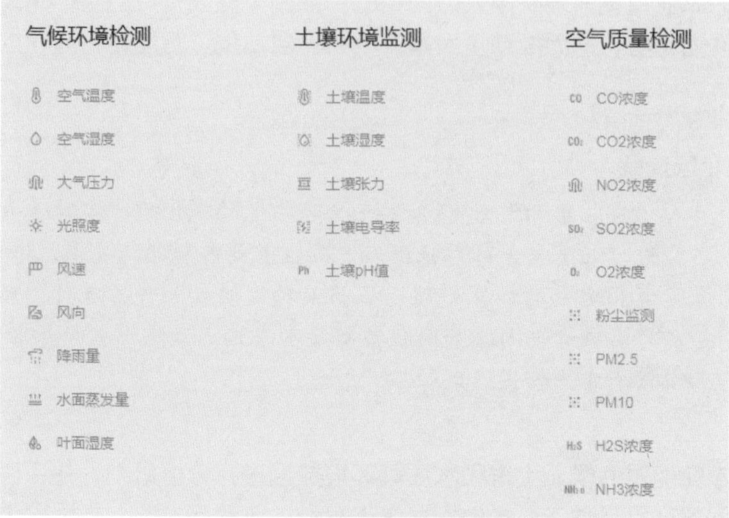

图 2-17 现代科技设备农业可检测因素

专家提醒

智能农业绝不单是在农作物生长过程中技术的运用，它是一个完整的系统，包括专家智能系统、农业生产物联控制系统和有机农产品安全溯源这三大系统。

在这三大系统中，利用网络平台技术和云计算等方法，最终实现在农业生产中的信息数字化、生产自动化和管理智能化的目的。

有机农产品的安全溯源系统加强了农业从生产、加工和运输到销售等全流程的数据共享与透明管理，实现了农产品全流程可追溯，提高了农业生产的管理效率，促进了农产品的品牌建设，提升了农产品的附加价值。

2.4.3 工业应用，安全生产

智能工业是物联网技术应用的重要领域，物联网技术在工业生产中的应用可以大大提高产品生产的效率和质量，降低生产成本和资源消耗，加快传统工业向智能工业的转型。

目前,物联网技术在智能工业的产品信息化、生产制造、经营管理、节能减排和安全生产等环节被广泛应用。

1. 产品信息化

产品信息化指的是把信息技术与商品相融合,以提高产品中的信息技术含量。加快产品信息化的目的是增强产品的性能,提高产品的价值,以及促进产品的升级换代。物联网技术的应用,提高了产品的信息化水平。

2. 生产制造

物联网技术在生产制造环节的应用体现在生产线过程检测、实时参数采集和材料消耗监测等方面,能够大大提高工业生产的智能化水平。例如,在钢铁行业中应用物联网技术,能够实时监控加工产品的各种参数,如宽度、厚度和温度等,从而提高产品质量,节省生产成本。

3. 经营管理

在工厂经营管理的环节中,物联网技术主要应用于供应链管理和生产管理两个方面,如图 2-18 所示。

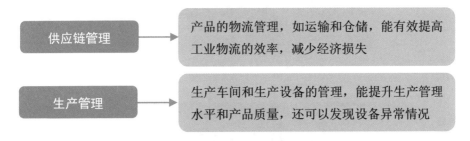

图 2-18　物联网在工厂经营管理中的应用

4. 节能减排

物联网在高耗能和高污染工厂的应用,能有效促进企业的节能减排。例如,智能电网的发展实现了电力行业的节能,大大降低了能源损耗;通过物联网技术建立的污染源自动监控系统,能够对工业生产中排放的污染物等关键指标进行实时监控,为完善生产工序提供依据。

5. 安全生产

利用物联网技术,建立监控及调度指挥综合信息系统,能够对采掘、提升和运输等生产设备进行状态监测和故障诊断，还可以监测工作环境的温度、湿度以及瓦斯浓度等。如果传感器检测到瓦斯浓度超标，系统就会自动拉响警报，提醒工作人员尽快采取措施，减少事故的发生。

另外，利用井下人员定位系统，能够对矿井工作人员进行定位和追踪，并进行身份识别，使其在发生矿难时能够及时得到营救。

我国工业领域行业众多，物联网技术在传统制造行业都有广泛的应用，如电器、汽车和重工等。不仅如此，工业物联网在其他行业也有涉及，如智能家居、交通运输以及食品安全等。

工业物联网就是物联网在工业领域的应用，我国工业物联网产业链的主要参与者有网络运营商、平台提供商、系统集成商和设备制造商。图 2-19 所示为工业物联网产业链的参考体系架构。

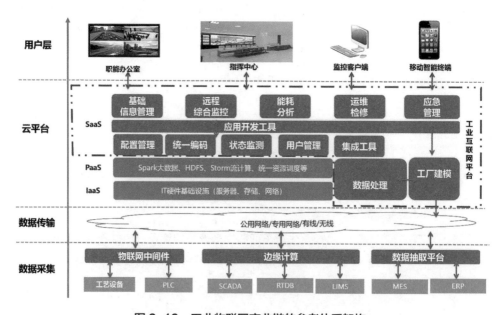

图 2-19　工业物联网产业链的参考体系架构

专家提醒

物联网在能源、交通运输和制造等方面发挥了重要作用，我国工业物联网的发展从政府主导逐渐转向以应用需求为主。在未来，工业物联网将成为物联网应用推广的主要动力。

虽然我国工业物联网产业发展迅速，但是在应用的过程中也存在着诸多问题，如图 2-20 所示。

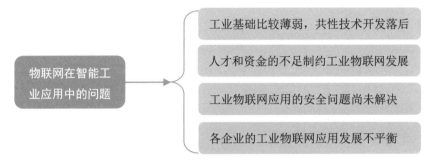

图 2-20　物联网在智能工业应用中的问题

2.4.4　医疗应用，远程监护

物联网技术对完善医疗服务起到了重要的作用，下面就来看看物联网在智能医疗领域的应用，主要有六个方面，具体内容如下。

1．病人身份匹配与监护

利用物联网技术可以有效增强病人身份匹配与监护管理系统的效果，病人身份匹配系统的功能主要是通过病人佩戴的电子标签腕带，使用物联网系统检索病人的身份信息和健康信息，从而更好地对病人进行管理和监护，如图 2-21 所示。

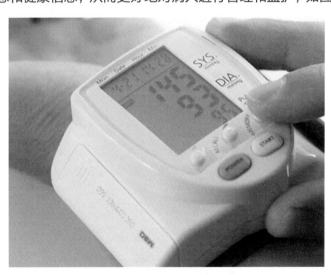

图 2-21　电子标签腕带

另外，电子标签还具有远距离识别的功能。如果病人的电子标签腕带不慎掉落，就会将信息及时上传到监控站；当病人擅自离开护理区时，就会触发警报。

2．血液管理系统

血液是病毒传播的载体之一，因此预防血液感染对于医疗领域来说非常重要。在医疗领域应用物联网技术可以加强血液管理，通过射频识别技术来实现信息的实时交互与处理，能够全面监控和管理采血的过程，让血液保护工作透明化，以达到预防血液感染的目的。

3．移动医疗

移动医疗是一种新型的医疗系统，通过移动医疗可以和病人进行一对一的在线交流。移动医疗系统能够为病人提供远程协助，也可以对其进行实时监控，病人和医生的对话会自动输入物联网系统中，为后续治疗提供参考。图 2-22 所示为一站式便捷就医服务流程。

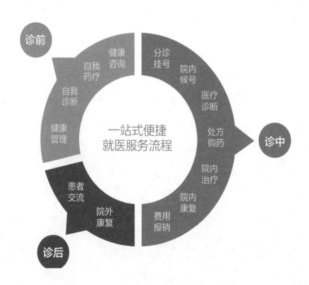

图 2-22　一站式便捷就医服务流程

4．医疗器械和药品的监控管理

利用射频识别技术能够对医疗器械和药品进行监控管理，实现药品和设备的追踪及全方位的实时监控，解决医疗安全问题，降低医疗管理成本。

射频识别技术在药品和设备的追踪监控及规范医药用品市场中起到了重要的作用，物联网在医疗物资管理中的应用主要有三个方面，如图 2-23 所示。

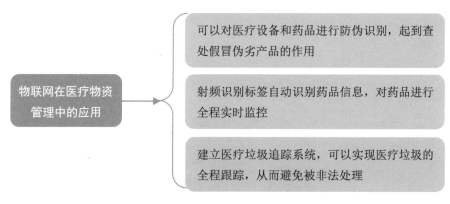

图 2-23　物联网在医疗物资管理中的应用

5．医疗信息管理

物联网在医疗信息管理中的应用有如图 2-24 所示的几个方面。

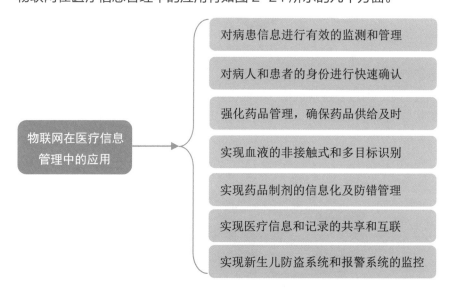

图 2-24　物联网在医疗信息管理中的应用

6．远程医疗监护

远程医疗监护是通过物联网技术，建立基于危急重病患者的远程会诊和持续监护服务体系，以减少医院的医疗资源压力。物联网在远程医疗监护中的应用有很多。例如，借助射频识别传感器系统，提高老人的生活自理能力；利用智能轮椅方便病人的移动和行走，如图 2-25 所示。

可移动头枕

电动调节靠背

摇杆控制器

可上翻扶手

前转向灯

后转向灯

电动调节脚踏

手动/电动切换杆

电机

防翻轮

10寸万向轮

14寸充气后轮

图 2-25　智能轮椅

除了智能轮椅外，还有射频识别腕带，如图 2-26 所示。它可以自动获取病人的相关信息，而且还能够加密，保证了病人身份信息的唯一性和安全性。另外，腕带的定位功能可以防止病人私自外出。

图 2-26　射频识别腕带

病人也可以通过射频识别腕带在定制的读写器上查询医疗费用的消费情况，并自行打印消费单，还可以查看医保政策、医疗方案和药品信息等内容，这样大大提高了医院的医疗服务水平和质量。

物联网技术的应用，使医疗服务更加人性化和智能化，避免了医疗安全隐患，推动了智能医疗的发展。医疗设备今后的发展方向有四个特点，分别是微创（使设备对人体的损伤尽可能小）、智能化、一次性使用和高精度（测试结果越准确，医生越容易确诊）。

胶囊内镜完全符合以上的特点，是医疗设备未来的发展方向。胶囊内镜全称为"智能胶囊消化道内镜系统"，又称"医用无线内镜"。图 2-27 所示为胶囊内镜产品。

图 2-27　胶囊内镜

患者将智能胶囊吞下后，它就会随着胃肠肌肉的运动节奏沿着胃、十二指肠、空肠、回肠、结肠和直肠的方向依次前行，同时对经过的腔段进行连续摄像，并以数字信号的形式传输图像给病人体外携带的图像记录仪进行存储和记录。其工作时间可长达 6 ~ 8 小时，在吞服 8 ~ 72 小时后就会随粪便排出体外。

2.4.5　智能安防，报警防盗

随着科技的不断进步和国民经济实力的不断提高，智能安防的高度人性化和多种服务集成将是未来的发展方向，主要体现在以下四个方面。

1．楼宇安防

智能安防在智能家居中的应用将逐渐扩大，它将使自动化的家居不再是一幢死的建筑，而是变成了具有"思想"的智慧建筑。例如，当你出门在外或者夜里睡觉时，智能家居的安防系统会自动开启处于警戒状态，保护用户的家庭安全。

我国房地产行业的不断发展，为智能楼宇的迅速成长提供了很好的平台，智能楼宇安防监控也逐渐进入人们的视野。图 2-28 所示为智能楼宇安防监控摄像头。

智能楼宇安防监控在北京、上海、广州和深圳等一线城市的高档住宅中得到了广泛的应用，已经成为高档物业的新标志。

图 2-28　智能楼宇安防监控摄像头

据统计，现在已有很多城市开始将物联网技术安防系统用在新型防盗窗上。与传统的栅栏式防盗窗不同，普通人在 15 米距离外基本看不见该防盗窗，走近时才会发现窗户上罩着一层薄网，由一根根相隔 5 厘米的细钢丝组成，并与小区安防系统监控平台连接。一旦智能防盗窗上的钢丝线被大力冲击或被剪断，系统就会即时报警。从消防角度说，这一新型防盗窗也便于居民逃生和获得救助。

2．交通安防

智能交通是一项涉及多学科和多行业的系统工程，其产业与安防产业关系十分密切，从数据采集到系统集成，再到平台运营，涉及方方面面，对于安防企业来说切入的机会点也更多。

在智能交通系统中需要用到大量的安防产品，如城市公共交通管理和城市道路交通管理。

城市道路管理系统包括信号灯控制系统、车牌识别系统、路况指示系统和道路视频监控系统等。其中，道路视频监控系统是应用最广泛的系统，被纳入众多城市的建设中，具有基础数据采集、协同指挥调度、资源共享、GIS 服务展示和公众出行服务等功能，如图 2-29 所示。

3．智能医疗

通过物联网技术，可以将药品的名称、品种、产地、批次，以及生产、加工、运输、存储和销售等环节的信息都存储在射频识别标签中，可以有效预防医疗事故的发生，保障病人的人身安全。

同时，通过物联网还可以把信息传送到公共数据库中，患者或医院可以将标签的内容与数据库中的记录进行对比，从而有效地识别假冒药品。

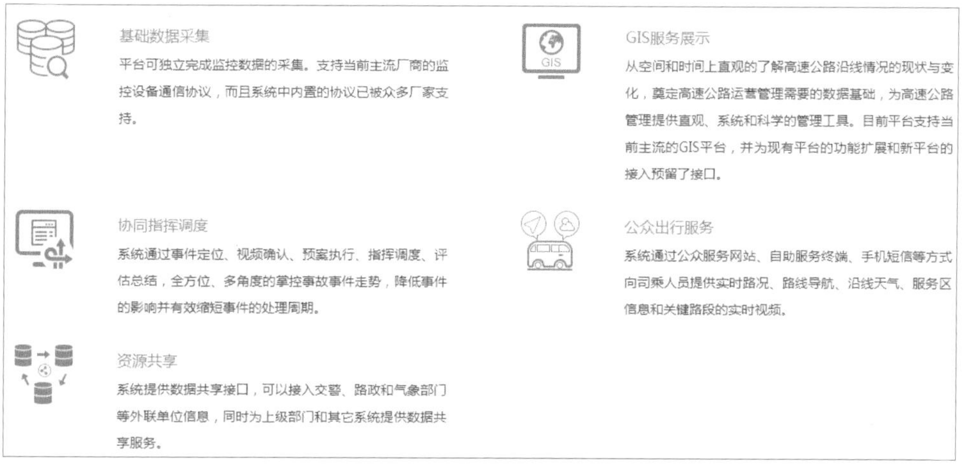

基础数据采集
平台可独立完成监控数据的采集。支持当前主流厂商的监控设备通信协议，而且系统中内置的协议已被众多厂家支持。
GIS
GIS服务展示
从空间和时间上直观的了解高速公路沿线情况的现状与变化，奠定高速公路运营管理需要的数据基础，为高速公路管理提供直观、系统和科学的管理工具。目前平台支持当前主流的GIS平台，并为现有平台的功能扩展和新平台的接入预留了接口。
协同指挥调度
系统通过事件定位、视频确认、预案执行、指挥调度、评估总结，全方位、多角度的掌控事故事件走势，降低事件的影响并有效缩短事件的处理周期。
公众出行服务
系统通过公众服务网站、自助服务终端、手机短信等方式向司乘人员提供实时路况、路线导航、沿线天气、服务区信息和关键路段的实时视频。
资源共享
系统提供数据共享接口，可以接入交警、路政和气象部门等外联单位信息，同时为上级部门和其它系统提供数据共享服务。

图 2-29　道路视频监控系统

4．零售安防

目前，零售企业基于防损方面的安防应用主要包括电子商品防盗、视频监控系统、红外报警系统以及收银机监控系统等。

电子商品防盗系统的作用是可以减少商品丢失。把电子商品防盗系统安置在零售企业明显的位置，可直接检测到固定在商品上的有效防盗标签，使其发出声光报警，如图 2-30 所示。

选择声磁系统好在哪里？
主机可单独使用，副机与主机组合使用
- 防盗不再愁 -
声磁技术相较于射频识别技术
使用时更加灵敏，减少误报、漏报

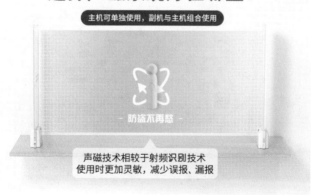

图 2-30　电子商品防盗系统

视频监控系统的功效主要是对内外盗的威慑作用，并记录下整个作案的过程，通常安装在固定或隐蔽的位置对特定区域进行监视。

收银监控系统目前主要是把 POS 机数据与收银监控画面整合在一起，找出差异，从而有效地控制收银线上的损耗。

专家提醒

收银监控系统可以实时或事后追查事件情况，如某商品卖给谁和什么价格、收银员是否打开收款机钱箱或删除收银数据等信息都详细可查。零售行业安防的应用能够提高百货商场等地方的安全保障级别，提高员工管理效率。

2.4.6 智能环保，水质检测

你是否担心过饮用水的质量？市场上已有许多纯净水品牌，你是否喝得放心？如今，物联网净水器将会帮你消除这些担忧。

物联网净水器集成了大量的传感器设备，能够让用户随时通过手机 App 了解家中净水器的运行状态，而且还可以自动检测滤芯的使用情况，及时提醒用户进行更换，从而保证饮用水的品质。

物联网净水器具有较高的过滤技术，它能把水中的漂浮物、重金属、细菌和病毒等都去除。物联网净水器一般分为 5 级过滤：第 1 级为滤芯，又称 PP 棉；第 2 级为颗粒活性炭；第 3 级为精密压缩活性炭；第 4 级为反渗透膜或超滤膜；第 5 级为后置活性炭。利用物联网技术可以引进干净的生活饮用水，如图 2-31 所示。

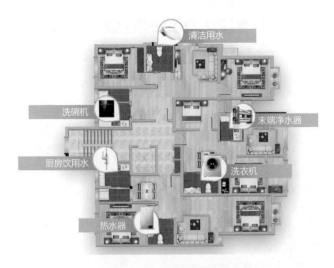

图 2-31　全屋物联网净水器

2.5 本章小结

本章主要从感知层、网络层和应用层这三个方面介绍了物联网的基本框架；然后介绍了物联网的三大系统；最后介绍了物联网的安全问题，以及它在智能家居、智能农业和智能工业等六个模块中的实际应用。

2.6 本章习题

2-1 物联网主要由哪三个体系组成？

2-2 物联网的安全体系主要有哪些方面？

第 3 章
瞄准云计算，产业大变革

学前提示

云计算是一种与物联网存在紧密联系，并为其提供资源与服务的技术。它的出现，推动了物联网的进一步发展，也促进了云计算与医疗、教育和金融等相关产业的融合，推动了产业的变革。

3.1 六个方面，基本框架

经过 10 多年的发展，云计算已经成为不可抵挡的时代潮流。当人们说到大数据时，就会想起云计算，当人们提起物联网时也会想起云计算，它们之间相辅相成而又不可分割。那么，云计算究竟是什么？它的基本框架是什么样的？本节就一一为你解答。

3.1.1 基本定义，信息共享

云计算是一种虚拟化的资源，它意味着计算机处理数据的能力可作为一种商品进行流通。和普通商品不同的是，它是通过互联网进行传输的，这种模式赋予了它新的特征，如图 3-1 所示。

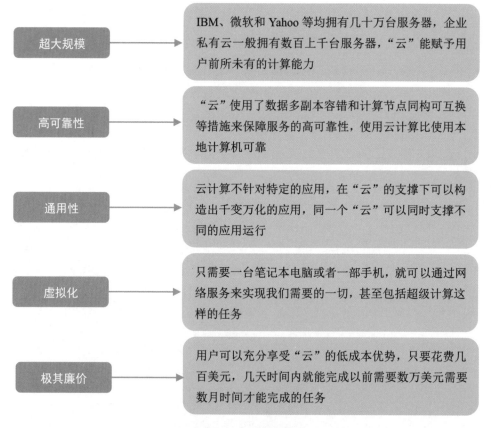

超大规模	IBM、微软和 Yahoo 等均拥有几十万台服务器，企业私有云一般拥有数百上千台服务器，"云"能赋予用户前所未有的计算能力
高可靠性	"云"使用了数据多副本容错和计算节点同构可互换等措施来保障服务的高可靠性，使用云计算比使用本地计算机可靠
通用性	云计算不针对特定的应用，在"云"的支撑下可以构造出千变万化的应用，同一个"云"可以同时支撑不同的应用运行
虚拟化	只需要一台笔记本电脑或者一部手机，就可以通过网络服务来实现我们需要的一切，甚至包括超级计算这样的任务
极其廉价	用户可以充分享受"云"的低成本优势，只要花费几百美元，几天时间内就能完成以前需要数万美元需要数月时间才能完成的任务

图 3-1 云计算的特征

云计算里的"云"并不是我们平常所理解的"天空中的云"，这里的"云"是网络上的一种比喻说法。总的来说，云计算是通过互联网的算法平台，将共享软硬件上的资源和信息按照用户需求提供给计算机或其他设备。

3.1.2 发展背景，系统演进

云计算是互联网、虚拟化技术和共享资源等先进系统和技术相结合的产物，云计算的出现是计算机发明和升级后的又一大转变。云计算是由包括分布式计算在内的六大软件系统联合演进而成的产物，如图 3-2 所示。

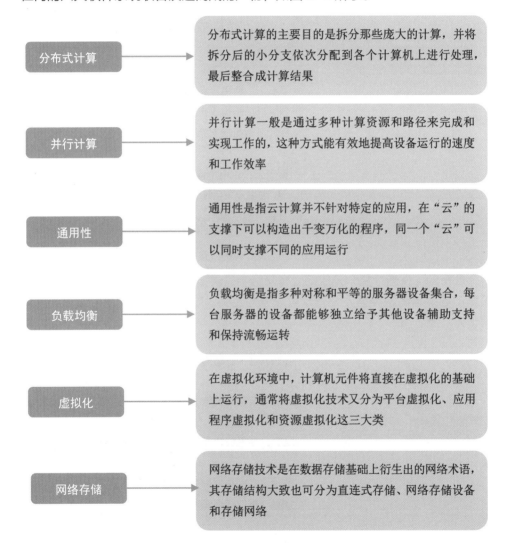

图 3-2 云计算的演进过程

云计算的核心思想就是通过网络统一管理或资源调度等多种服务方式，按需付费使用，从而帮助企业达到资源整合和配置优化的目的，以满足不同用户的需求。

3.1.3 三大分类，如火如荼

云计算可以分为公有云、私有云和混合云三种，如图 3-3 所示。公有云是云计算的主要形态，在国内发展得极为迅速。私有云比公有云的安全性更高，也已经被大众所认可，如今也是发展得如火如荼。

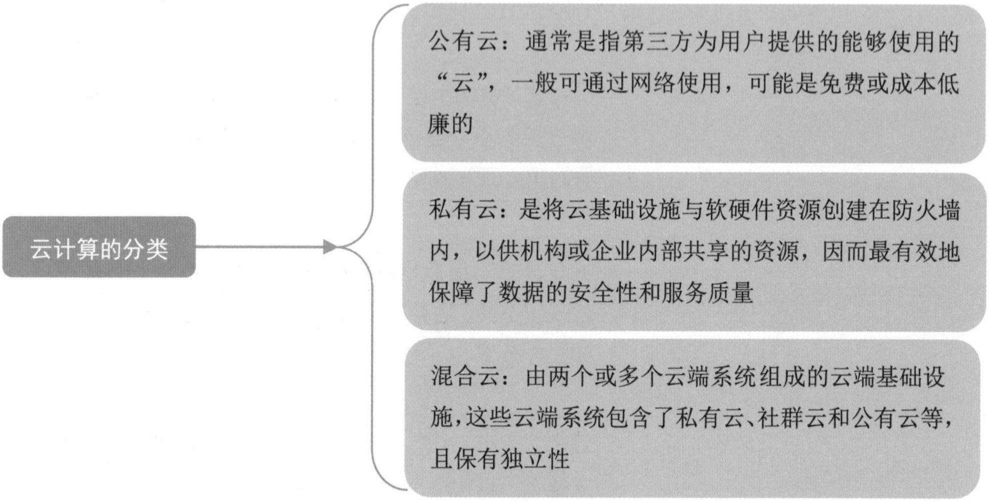

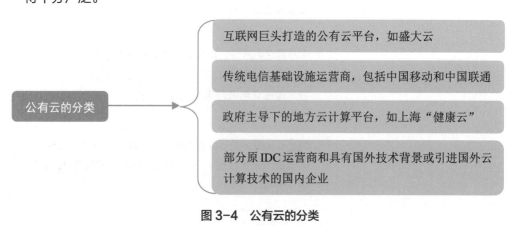

云计算的分类

公有云：通常是指第三方为用户提供的能够使用的"云"，一般可通过网络使用，可能是免费或成本低廉的

私有云：是将云基础设施与软硬件资源创建在防火墙内，以供机构或企业内部共享的资源，因而最有效地保障了数据的安全性和服务质量

混合云：由两个或多个云端系统组成的云端基础设施，这些云端系统包含了私有云、社群云和公有云等，且保有独立性

图 3-3　云计算的分类

公有云可在当今整个开放的公有网络中提供服务，已经产生许多应用实例。根据市场参与者的类型，公有云可以分为四类，如图 3-4 所示，在市场上应用得十分广泛。

公有云的分类

互联网巨头打造的公有云平台，如盛大云

传统电信基础设施运营商，包括中国移动和中国联通

政府主导下的地方云计算平台，如上海"健康云"

部分原 IDC 运营商和具有国外技术背景或引进国外云计算技术的国内企业

图 3-4　公有云的分类

3.1.4 技术体系，综合发展

云计算作为一种基于互联网的计算方式，是一种技术的综合应用构成方式，运用许多行业领先技术，如虚拟化技术、数据存储技术、平台管理技术、数据管理技术和编程模型等，如图 3-5 所示。

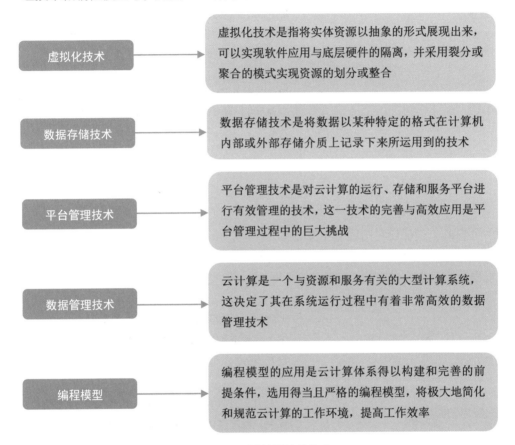

图 3-5 云计算的技术体系

3.1.5 资源红利，虚拟服务

在云计算领域中，用户所获取的服务内容是基于网络的，具有与其他服务不同的特征。对于用户来说，通过虚拟化的服务，他们无须了解数据来源就可以方便地参与资源共享，享受资源红利。

在云计算迅速发展的环境下，其服务形式也呈现出多样化的特征，主要包括三类表现形式，如图 3-6 所示。

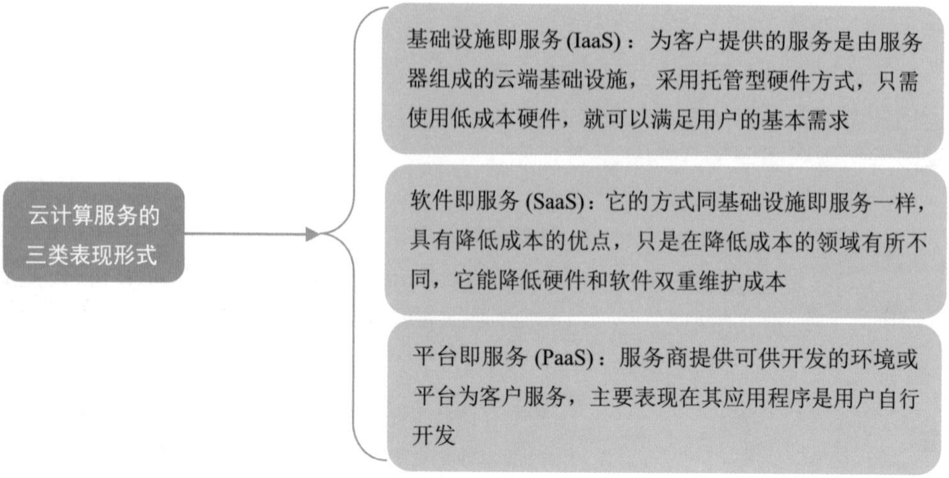

基础设施即服务 (IaaS)：为客户提供的服务是由服务器组成的云端基础设施，采用托管型硬件方式，只需使用低成本硬件，就可以满足用户的基本需求

软件即服务 (SaaS)：它的方式同基础设施即服务一样，具有降低成本的优点，只是在降低成本的领域有所不同，它能降低硬件和软件双重维护成本

平台即服务 (PaaS)：服务商提供可供开发的环境或平台为客户服务，主要表现在其应用程序是用户自行开发

云计算服务的三类表现形式

图 3-6　云计算服务的三类表现形式

3.1.6　应用热潮，市场优势

目前，云计算在市场上飞速发展，在物联网、教育和金融等方面有着非常广泛的应用，如云物联、云教育和云会议等，如图 3-7 所示。这些应用促使行业发展产生了巨大的变革，从而兴起了一拨"云计算热"。

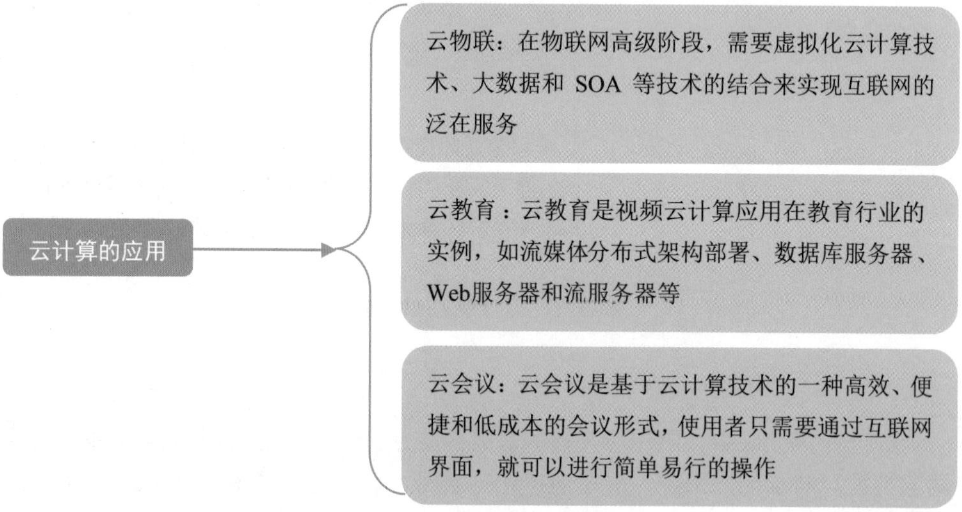

云物联：在物联网高级阶段，需要虚拟化云计算技术、大数据和 SOA 等技术的结合来实现互联网的泛在服务

云教育：云教育是视频云计算应用在教育行业的实例，如流媒体分布式架构部署、数据库服务器、Web服务器和流服务器等

云会议：云会议是基于云计算技术的一种高效、便捷和低成本的会议形式，使用者只需要通过互联网界面，就可以进行简单易行的操作

云计算的应用

图 3-7　云计算的应用

互联网的优势之一就是打破了地域的界限，形成了统一的商业大市场，而云计算的应用为这个市场的个性化需求提供了契合的产品，它把运营成本降到了最

低。企业只需专注于创意和技术等核心环节，运营和管理将不再重要。

3.2　体系中心，重要作用

在移动物联网领域，云计算犹如其大脑神经中枢，为移动物联网提供数据进行运算和处理，并利用所得的结果为移动物联网服务。由此可知，云计算在促进移动物联网的发展和体系构建中发挥着重要作用。

云计算是适应互联网海量数据存储和处理需求而产生的，并随着数据量的飞速增长，特别是在物联网时代，云计算与移动物联网之间形成了非常紧密的联系，如图 3-8 所示，促进了时代环境下服务与应用新模式的发展。

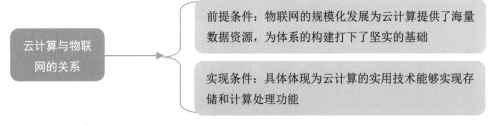

图 3-8　云计算与物联网的关系

专家提醒

要想透彻了解移动物联网，首先要对云计算技术有一定程度的了解，只有这样才能在移动物联网的应用和发展过程中占据优势。云计算与物联网的紧密结合，可以更好地促进企业构建云计算的体系中心。

3.2.1　数据采集，必然环节

云计算与移动物联网关系密切，已经形成了不可分割的应用和利益整体，而它们在各方面的结合充分体现了现在和未来的发展趋势。数据采集 (Data Acquisition，DAQ)，从其字面分解来看，就是有关数据的采集过程，它是所有数据的源头。

基于现今的时代环境，数据采集是适应时代发展趋势的必然环节。它是各行各业不同格式数据的一个集合过程，可以说数据采集实现了云计算与移动物联网的结合，是连接移动物联网与云计算的中间环节。

数据采集的基本过程主要由两部分组成，即数据采集的准备过程和采集过程，如图 3-9 所示。

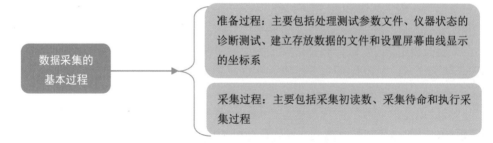

图 3-9　数据采集的基本过程

3.2.2　数据中心，充分体现

相较于数据采集而言，云数据中心更是云计算与物联网结合的充分体现。在物联网与云计算结合的推动下，传统数据中心经历了一系列的发展逐渐转变成为云数据中心，具体发展类型有 4 种，如图 3-10 所示。

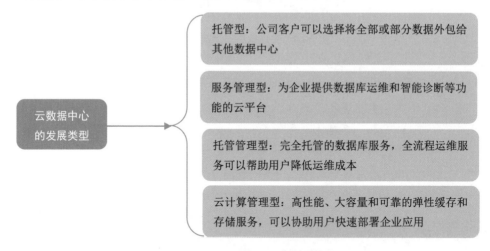

图 3-10　云数据中心的发展类型

3.2.3　服务中心，正常运转

云服务中心是针对云计算提供的遍及各领域的服务而言的，通过网络可以将多个云服务中心联合起来，实现资源共享。例如，通过太平洋电信 SDN 骨干网络，可以将阿里云、AWS 和微软云连接起来，统一发挥作用，共同维护企业的正常运转，如图 3-11 所示。

图 3-11　太平洋电信 SDN 骨干网络

专家提醒

云计算所提供的服务从其表现形式来看，主要包括软件、平台和基础设施，云服务中心就是基于此 3 个方面提供的服务，它促进了移动物联网的发展，最终反过来又推进云计算能力的提高。太平洋电信 SDN 骨干网络将物联网与云计算联合起来，极大地提高了企业工作效率。

3.2.4　企业 2.0，泛化应用

企业 2.0 作为一种具有鲜明特征的企业形态，经历了从概念产生到发展的过程。无论是数据采集、云数据中心还是云服务中心，它们都是基于数据领域的云计算与移动物联网相结合的应用，而在企业 2.0 里，它将脱离数据这一概念范畴，成为直指社会的泛化应用。

专家提醒

云计算与移动物联网都是支撑创新 2.0 时代的技术应用，它属于企业 2.0 的范畴，可以说企业 2.0 是云计算与移动物联网相结合的产物，它们共同构成了行业发展的生态链，形成了生态闭圈。

如今，一些企业品牌都面临着品牌传播范围有限、品牌口碑效应差或用户程度低等问题。企业品牌的创建对企业营销来说是至关重要的环节，品牌创建不到

第 3 章　瞄准云计算，产业大变革

位很有可能导致用户的流失。

许多企业投入大量的广告预算，但实际成交者寥寥无几，营销成本居高不下，很大程度上是由于品牌没有知名度、没有权威背书、网上信息空白或传播费用高等所致，导致客户的成交意愿低，如图 3-12 所示。

图 3-12　企业品牌营销困境

目前，互联网资源是传播广告的有效途径之一，所以要想有效传播企业品牌，就要精准定位目标用户，将标签分类，与用户坦诚沟通，并及时收集反馈资料，如图 3-13 所示。

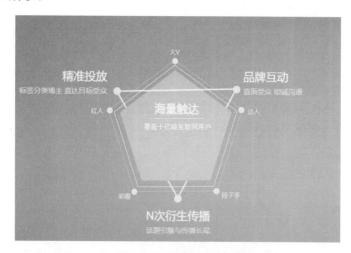

图 3-13　互联网资源营销

在企业 2.0 的概念中，其核心就在于企业的业务形态。一方面，它促进了业务形态的创新，在提高效益的同时，把产品和服务创新、企业利润和业务成本等紧密联系起来；另一方面，积极打造企业核心竞争力方面的业务形态，把客户管理和员工管理发展到新高度。图 3-14 所示为网络品牌营销参考方案。

类型	媒体	内容
网络基础搭建	企业建站	PC站：专业团队，建立打造精美电脑站。
		手机站：建立精美兼容的移动端手机站。
	微信公众号	运营微信公众号或者协助微信公众号运营
	短视频代运营	运营短视频账号或者协助运营短视频账号。
泛网络信息营销	论坛贴吧	帖子撰编：编写有吸引力的论坛帖子
		普通发贴：在各大论坛相关板块发布宣传帖子
		论坛置顶：精选部分论坛进行置顶
	博客/豆瓣	发布博文：在不同博客账号上发布文章
		专人博客：帮企业搭建属于企业的专门博客。
		红人博客：在几百万点击的红人博客空间，发布文章
	信息整编	
	分类信息	分类信息发布：在各大分类信息上发布信息

图 3-14 网络品牌营销方案

其中，注重分享的业务管理形态是云计算与移动物联网结合的重要表现，它使得企业成员能实现更便捷的沟通，形成一个稳定的企业 2.0 社区。其实，企业 2.0 就是新时代背景下发展的企业转型策略。因此，通过其平台有效地实施，企业 2.0 在多个方面体现了它的应用价值，如图 3-15 所示。

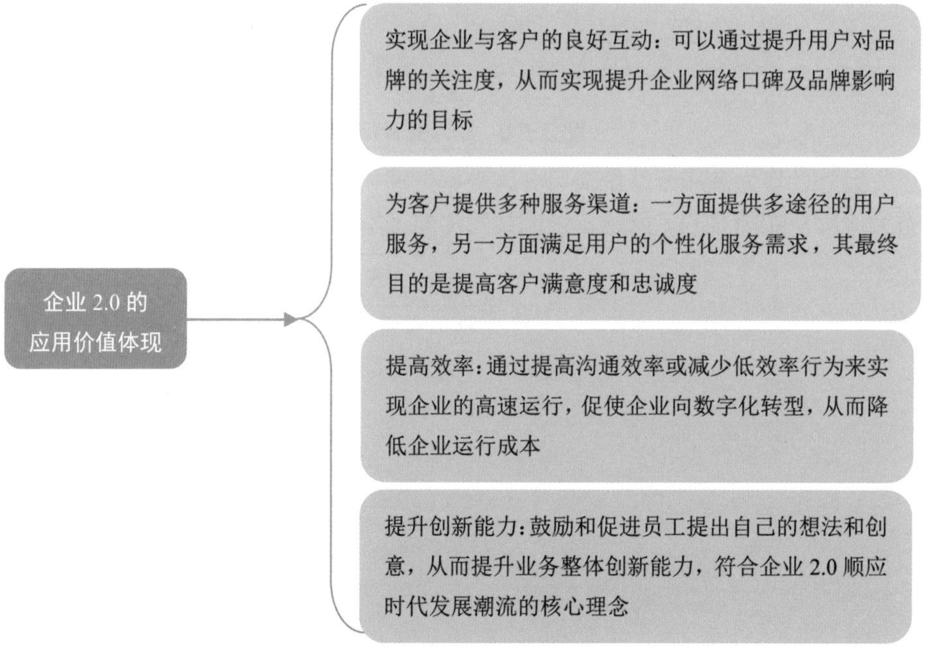

企业 2.0 的应用价值体现

实现企业与客户的良好互动：可以通过提升用户对品牌的关注度，从而实现提升企业网络口碑及品牌影响力的目标

为客户提供多种服务渠道：一方面提供多途径的用户服务，另一方面满足用户的个性化服务需求，其最终目的是提高客户满意度和忠诚度

提高效率：通过提高沟通效率或减少低效率行为来实现企业的高速运行，促使企业向数字化转型，从而降低企业运行成本

提升创新能力：鼓励和促进员工提出自己的想法和创意，从而提升业务整体创新能力，符合企业 2.0 顺应时代发展潮流的核心理念

图 3-15 企业 2.0 的应用价值体现

3.3　应用案例，实际行动

物联网时代的今天，越来越多的企业意识到云计算的重要性，并将云计算投入生产及产品中去，为企业带来了全新的创业方向、商业模式和投资机会。本节将介绍云计算在建设智能社会中的实际行动。

3.3.1　医疗信息，发展良好

上海市市北医院健康云系统是全国建成的第一朵健康云，此举对云计算在行业市场的应用有着极为重要的借鉴意义。该套健康云系统是基于华为和易可思复高等平台共同打造，在试运行中表现良好，如图 3-16 所示。

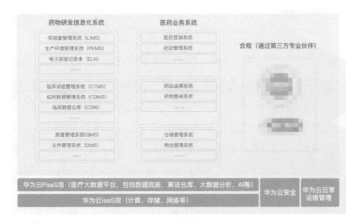

图 3-16　华为健康云系统

另外，华为健康云系统又可分为数据处理、算法开发、训练、部署和市场这五大流程，如图 3-17 所示，它们共同构成了华为云架构。

图 3-17　华为云架构

此外，健康云系统还具有省电、省空间和减少噪声等功能。基于云计算平台上 EI 大数据和各种专属云医疗诊治软件，华为云简化了医药核心业务运维，提升了药物研发效率，给病患带来了极大的便利，如图 3-18 所示。

图 3-18 华为医药云的优势

华为在通信行业的经验，加上其对云计算基础技术的实践积累，使得华为云计算平台功能层、平台层和接入层的对接能力和兼容能力都非常强大，促进了上海市市北医院健康云的成功创建。

3.3.2 教育信息，资源统一

为助力校园升级，腾讯结合多资源平台，为学生打造了教学资源统一化、教学教研共享化、家校协同一体化和学情诊断智能化的教学环境，如图 3-19 所示。

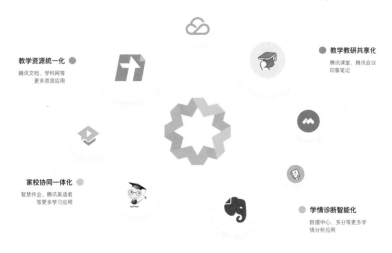

图 3-19 腾讯智慧教育云

利用教育云平台，腾讯为校园打造了一系列的智慧教育应用，如智能阅卷、作业批改、口语测评和课堂质量分析等，有利于推动校园和企业进行合作，帮助校园进行数字化升级。

只有营造一个积极向上的智能环境，才能找到适合学生发展的教学方法，为学校教育提供新的途径和策略。利用云计算和 AI 技术，腾讯智慧教育为学校提供了一个智能生产平台解决方案，帮助学生更有效率地学习，如图 3-20 所示。

线下资源线上化	资源自动挂载	标签自动生成	内容智能标引
通过AI能力智能解析各类传统线下教育资源，分析并提取其中内容进行结构化处理，实现线上化统一管理和使用，支持含WORD、PDF、PPT、纸质书本试卷、视频、音频等各类教学内容。	基于各学科知识要谱和AI分析引擎，平台能够对各类教育资源与现有知识体系进行挂载与融合，自动抽取资源素材知识点，并挂载到对应的知识节点上，为后续的资源搜索、推荐、自适应等提供底层支持。	AI智能生产引擎能抽取融合各类资源素材，同时还能自动提取生成各类细分场景的标签，如题目的题型特征及解法、阅读理解的题材、主题等标签。通过对教育资源的标签提取生成，为资源的搜索、推荐和自适应学习提供更精准的算法支持。	通过对传统的大量的基础教育资源进行内容智能化标引，传统的题库、知识点等静态内容即可低成本、规模化地转化为能够支持AI助教自动讲解的内容，对已有的传统教育资源进行AI智能化升级。

图 3-20　智能生产平台解决方案

另外，部分家长可能因为工作忙碌而无法及时关注学校的活动信息，无法了解孩子的基本动态，考虑到这一点，腾讯教育云平台还研发了智慧消息功能，如图 3-21 所示。

图 3-21　智慧消息

此外，腾讯教育云平台还为每位学生提供了智慧学习功能，如图 3-22 所示。智慧学习是指学生在手机移动端可以一键查课表、成绩学分或者空自习室等校园数据，并且可以实现手机无线解决课程考勤问题。

图 3-22　智慧学习

　　智慧学习可以将数据精确定位到每一个学生，包括他们的上课状况、课堂点名状况和听课质量评估等。这种模式推动了学习方式的改革和教学模式的创新，提升了课堂检测的效果，而且使学校班级建设更加全面化和智能化。

　　腾讯教育云平台的优越性还体现在，它为学生打造了一套包括教学和生活的全栈式校园生活。同时，腾讯教育云平台还具有信息保密功能，不支持校外查看，在保障校园信息精准送达的同时还能保证其安全，为每一个学生提供安全的成长环境，如图 3-23 所示。

图 3-23　智慧生活

　　说到腾讯智慧教育，另一个不得不说的教育领先平台就是钉钉。为培养学生个性化的学习能力，提高学生的竞争力，钉钉以数据作为核心生产资料，实现了校园与数字化服务的全面融合，搭建了软硬一体化的教育云平台，实现了教育业务的统一管理，如图 3-24 所示。

图 3-24 钉钉数字化校园解决方案

利用钉钉教育云平台，教师可以轻松地进行在线课堂教育工作，学生可以通过观看直播或者通过观看回放的方式进行学习。教育云平台还会自动统计观看人数、签到人数或分析学习效果等，如图 3-25 所示。

图 3-25 钉钉在线课堂

对于传统的教育平台来说，学生需要在多个工具之间跳转，以实现提交作业或在线学习等多种功能。针对这一问题，钉钉教育云平台只需一个社群运营就可以解决学生的大部分学习要求，如图 3-26 所示。

图 3-26　作业打卡

另外，钉钉教育云平台还具有"班级圈"功能，如图 3-27 所示。对于传统的群功能来说，如学生将精彩照片都发到群里，大家的点赞互动很快就会把消息刷没了，但是钉钉的"班级圈"平台，会将学生的运动打卡或美食照片都沉淀到"圈"里，从而给团队留下珍贵的回忆。

此外，钉钉未来教育平台还提供了数字化社群功能，通过钉钉圈子，用户可以快速关联上百个群，且运维高效简单，如图 3-28 所示。云计算赋能下的钉钉，为校园管理提供了一站式的管理解决方案，实现了智慧校园的高效运转，为全体师生带来了全新的校园体验。

另外，钉钉教育云还设计了班级树教学平台。教师可以在班级群里种植一棵班级树，言传身教地培养学生的环保意识和团队意识，并且成功种植一棵班级树后，将会获得专属的班级证书，如图 3-29 所示，同时线下会有一棵真树种植在沙漠之中。

钉钉数字化的校园模式吸引了许多学校前来实践和体验。例如，钉钉与浙江大学联合打造的"浙大钉"，实现了数字化的公共服务，以实时通信为基础，为教师和学生打造了统一的用户入口，并为其提供了方便、高效的移动化服务平台。

图 3-27　"班级圈"平台

图 3-28　数字化社群功能

教育云所蕴含的价值底蕴是十分强大的，可以从学生、教师和市场发展这 3 个方面来进行详细叙述，如图 3-30 所示。

图 3-29　班级树教学平台

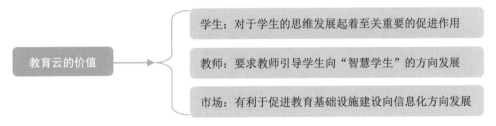

图 3-30　教育云的价值

从市场形势来看，教育云向着更新型的技术方向发展。但是，从市场分布来看，目前教育云主要集中在城市地区，尤其是一线城市和二线城市。这些城市相对来说，科技发展更快，市场竞争也较为激烈。

教育云的发展应该是一个全面化的过程。由于农村地区技术或资源等条件的限制，农村市场尚未完全打开。但是农村市场已基本具备教育云的服务能力和基础设施，可以作为市场长期发展的关键点和业务增长点。

3.3.3　智慧金融，满足需求

金融壹账通是国内客户数最多的金融商业云平台，它集科技应用与业务服务于一体，可以满足各类金融机构的业务需求，如图 3-31 所示。

云计算技术的运用，将网络传输、数据管理与系统软件相连接，使用户在智能电话中能得到更高级的金融营销服务，其保密性也更高，如图 3-32 所示。它还提供智能在线机器人、智能知识平台、智能质检和座席辅助等功能,帮助企业进行售后跟踪。

图 3-31　金融壹账通智能化系统

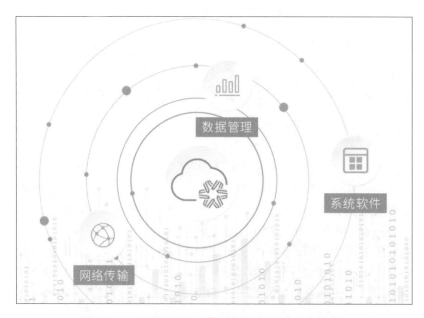

图 3-32　网络传输、数据管理与系统软件的连接

　　银行与金融一般是分不开的。金融壹账通有专属的银行云系统,能够为银行用户提供专属的服务,即移动银行 SaaS 服务,如图 3-33 所示。该系统能够帮助银行扩张银行应用程序模块,精准地进行客户分析和定向营销,全面提升银行的服务能力。

图 3-33 移动银行 SaaS 服务

充分利用云计算、大数据和物联网等技术，金融云平台将科技与常规金融模式相结合，进行多维度的数据分析，为用户提供了高质量的金融服务，也为银行和企业减轻了负担，营造了一个智能、安全和便捷的金融市场环境。

3.3.4　市政建设，备受关注

云计算作为一种新兴产业，自出现以来就备受关注，其中一个重要的表现领域就是市政建设方面的应用，如图 3-34 所示。

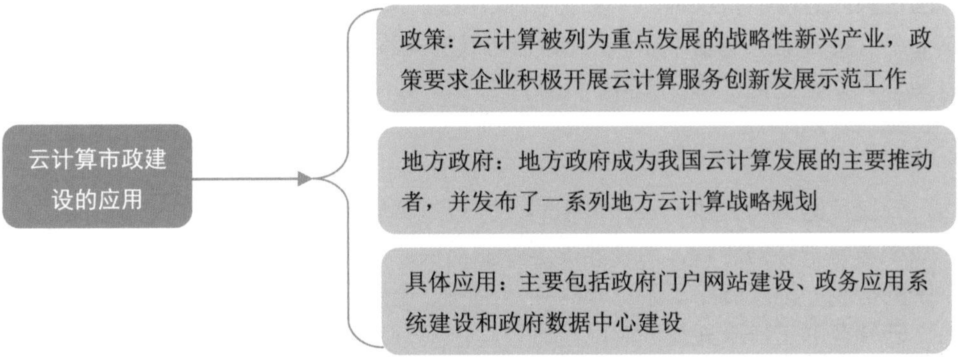

```
                  ┌─────────────────────────────────────────────┐
                  │ 政策：云计算被列为重点发展的战略性新兴产业，政 │
                  │ 策要求企业积极开展云计算服务创新发展示范工作   │
                  └─────────────────────────────────────────────┘
┌──────────┐      ┌─────────────────────────────────────────────┐
│ 云计算市政建 │ →  │ 地方政府：地方政府成为我国云计算发展的主要推动 │
│ 设的应用   │      │ 者，并发布了一系列地方云计算战略规划         │
└──────────┘      └─────────────────────────────────────────────┘
                  ┌─────────────────────────────────────────────┐
                  │ 具体应用：主要包括政府门户网站建设、政务应用系 │
                  │ 统建设和政府数据中心建设                     │
                  └─────────────────────────────────────────────┘
```

图 3-34 云计算市政建设的应用

以深圳市为例，具体介绍云计算在市政建设方面的应用。深圳市电子政务建设实行云试点项目，很好地顺应了时代发展的需求。从深圳市电子政务云计算应用的具体实施和成果来看，主要包括 4 个方面的内容，如图 3-35 所示。

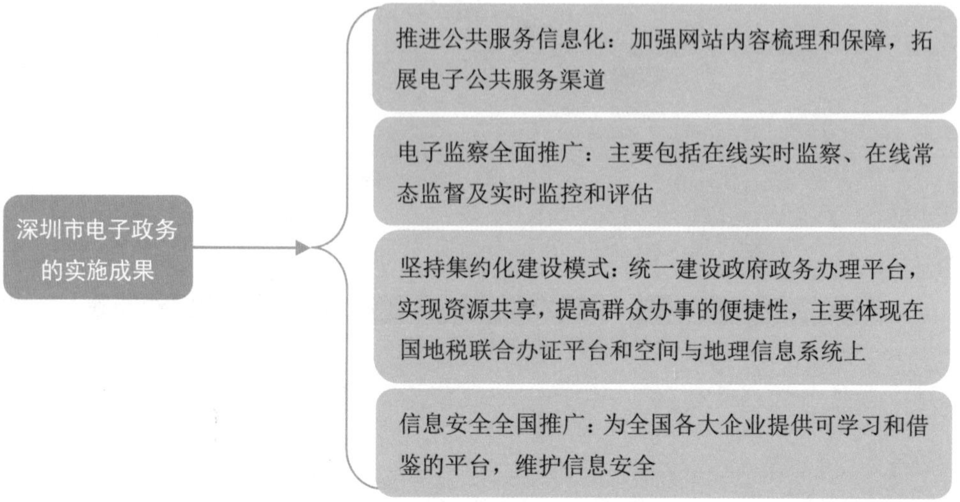

深圳市电子政务的实施成果
→
推进公共服务信息化：加强网站内容梳理和保障，拓展电子公共服务渠道

电子监察全面推广：主要包括在线实时监察、在线常态监督及实时监控和评估

坚持集约化建设模式：统一建设政府政务办理平台，实现资源共享，提高群众办事的便捷性，主要体现在国地税联合办证平台和空间与地理信息系统上

信息安全全国推广：为全国各大企业提供可学习和借鉴的平台，维护信息安全

图 3-35　深圳市电子政务的实施成果

3.4　数据储存，安全审查

云计算是一个极大的数据统计和应用平台，衍生出了许多云应用，具有许多优点，但是部分用户仍无法完全信任云计算系统。因为即便是世界著名的品牌服务商，也没有办法百分百保障云计算系统的安全性与可靠性。

所以，在云储存的过程中，如果能够实现对用户服务数据的完整性进行审计，并验证其服务提供者正确、合规地持有该数据，将会是一件很有意义的研究工作。本节将介绍云储存的基本知识、云储存与云的关系以及云数据的隐私与隔离措施，以帮助大家更好地了解云计算。

3.4.1　储存系统，保障安全

云储存的概念大致与云计算相同，即通过集群、网络以及分布式系统来实现存储设备与软件的协调，为外界提供专业且快速的数据访问和存储服务。云储存系统的应用，不仅节约了企业云的存储空间，也最大限度地保障了数据的安全。

云储存的工作原理是利用网络进行程序拆分，然后将拆分出来的子程序分别交给服务器进行计算处理，所有环节完成后再由服务器传回给用户。云储存不只是硬件，而是由多个分支构成的综合系统。

云储存这一全新概念是利用多种先进技术的集合协同所构成的，它是一个虚拟化性质的综合储存系统，是以存储设备为核心，通过应用软件为用户提供服务，回应需求。图 3-36 所示为云储存的应用结构。

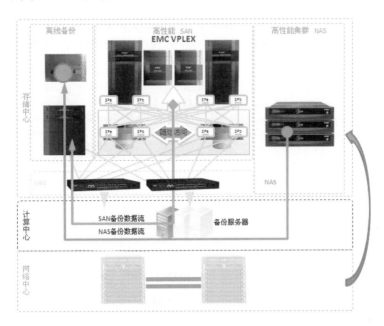

图 3-36　云储存的应用结构

同时，云储存结构模型也是云储存系统的重要组成部分。图 3-37 所示为云储存的结构模型，其主要包括访问层、接口层、管理层和存储层。

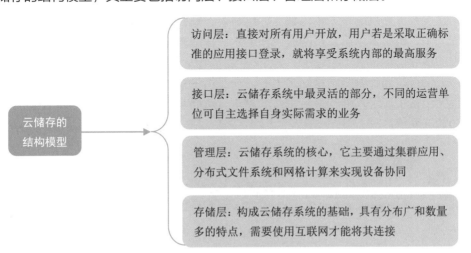

图 3-37　云储存的结构模型

3.4.2 云服务器，协同发展

云计算是分布式处理、并行处理以及网格计算相协调而共同发展的，能够通过网络自动拆分计算处理程序，然后利用服务器将计算分析结果传递给用户，实现与"超级计算机"同等的网络服务。图 3-38 所示为云服务器系统应用架构。

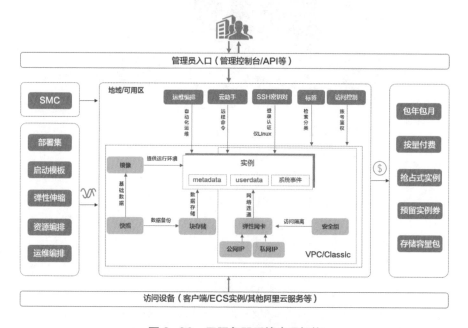

图 3-38　云服务器系统应用架构

建设云计算系统是为了将独立的运算统一集合，并迁移到规模庞大的服务器"云"中，再由云系统直接回应用户请求。总的来说，数据运算与处理是云计算系统的核心。

云储存是云计算概念基础之上的进一步衍生物，是通过其主要功能来满足网络存储设备中应用软件的集合和协同需求，从而实现对外提供数据存储和业务访问功能的系统。

专家提醒

我们将云储存系统看作一个大容量存储空间的云计算系统。当把数据存储和管理作为云计算的核心时，系统内部也将需要配置大量的存储设备，从而形成了云储存系统，实现了数据的分析与存储。

3.4.3　数据隐私，隔离措施

互联网的广泛普及和应用，在给人们日常生活和工作带来了前所未有的便捷的同时，也带来了一些潜在的威胁，如非法复制和打印、用户身份伪造、数据库漏洞、管理权限泄露和外部入侵攻击等。

因此，在云计算应用中实施个人信息隐私保护战略是十分必要的。要想最大限度地降低和解决这一潜在隐患，有关部门和企业就务必采取强硬措施。

只有在技术和政策方面双向展开行动，进行数据信息的统一处理，在保证云计算运行安全的前提下，实施可持续发展战略，才能保障系统的安全运行。云计算个人隐私遭到侵犯的原因及应对措施如图 3-39 所示。

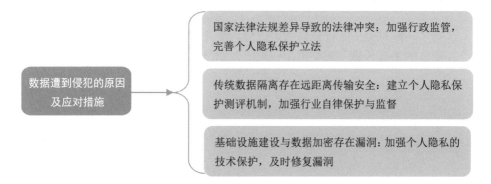

图 3-39　数据遭到侵犯的原因及应对措施

随着云计算技术逐渐走向成熟，陆续出现了 3 种完善且高效的架构，帮助云计算系统实现了数据隔离，如图 3-40 所示。

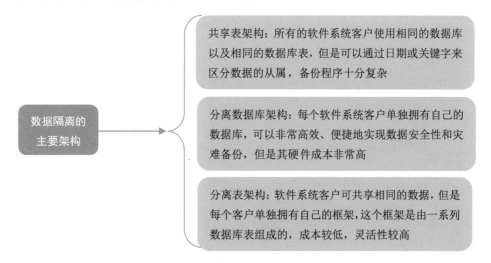

图 3-40　数据隔离的主要架构

因此，相关部门与企业需要定期对系统和架构进行维护和优化。在设计云端系统初期，一定要先对系统架构展开全面分析和考察，只有这样才能最大限度地提升系统运行的安全性。

3.5　本章小结

本章主要通过介绍云计算的定义、背景、分类、技术和服务等，帮助大家初步了解云计算的基本框架；然后介绍了云计算的体系中心和应用案例；最后对云计算的安全性审查做了详细描述。

3.6　本章习题

3-1　一般来说，云计算具体可以分为哪几种？

3-2　对于云计算，国家和企业可以怎样做来保障云数据的安全？

第 4 章
盘点国内外，平台新升级

学前提示

云计算的广泛应用使得国内外市场上涌现了一批以"云"为基础的技术平台，降低了生产管理的成本。本章就以阿里巴巴、腾讯、AWS 亚马逊和 Azure 微软等国内外平台为例，具体介绍它们的云平台产业布局及其技术架构，以帮助大家更好地理解云计算。

4.1 国内云平台，业务精细化

当前，随着生产和管理数字化的逐渐深入，越来越多的企业开始关注 IT 基础架构上智能化业务系统的支撑能力。面对越来越精细化的业务体系，传统的 IT 基础架构变得越来越复杂，成本也越来越高。考虑到云平台的优越性，所以众多企业开始将主要业务迁移到云端，从而衍生出一系列云服务。

4.1.1 阿里云服务，促进数字化

阿里巴巴凭借其自身领先的技术和研究底蕴，在云计算方面取得了巨大的成就。下面主要从云服务器、云产品和云安全 3 个方面来具体介绍阿里巴巴在云计算方面的应用。

1. 阿里云服务器

首先，最值得一提的就是它的云服务器，如图 4-1 所示。云服务器是一种具有弹性扩容能力的计算服务，它具有多种存储选择，可以帮助用户降低 IT 成本，提升运维效率，并同时具备 VPC 专有网络、快照和多种镜像模型以及多种付费选择功能，更加贴近用户的需求。

图 4-1 阿里云服务器

阿里巴巴研究的另一大云基础就是专有云，如图 4-2 所示。它是面向大规模客户管理的全栈云平台，是专门针对企业级市场构建的产品及服务，具有企业版、敏捷版和一体机系列 3 种类型。

大而稳 小而专
专有云产品系列满足客户更广泛业务需求
企业版
敏捷版
一体机系列

图 4-2　阿里专有云

公共云与专有云同根同源，而混合云就是基于公共云的最佳数字转型伙伴，可在任何环境下本地化部署公共云产品及服务，并具备多种移动应用服务，如混合云管理和身份管理等，让用户可随时随地享受云服务，如图 4-3 所示。

混合云管理
混合云管理平台
身份管理
应用身份服务（IDaaS）
开发与运维
企业级一站式DevOps平台（云效）
中间件
企业级分布式应用服务（EDAS）
云服务总线（CSB） 应用实时监控服务（ARMS）
容器服务
容器服务（Kubernetes版）
安全
混合云存储
混合云备份（HBR） 混合云容灾（HDR） 云存储网关（CSG）
混合云存储阵列（CSA） 闪电立方（LC）
数据库生态工具
数据库传输（DTS） 数据库备份（DBS） 数据管理（DMS）
数据库自治服务（DAS） 数据库网关（DG）
混合云网络
VPN网关（VPN Gateway） 智能接入网关（SAG） 高速通道（Express Connect）
托管服务
弹性数据中心
阿里云专有云
阿里云公共云
客户已有数据中心

图 4-3　混合云管理平台

这 3 个云平台共同构成了阿里巴巴的云基础，为企业打造了一系列云产品及云服务，促进了企业的数字化升级，为管理决策提供了数据支撑。

2．阿里云产品

云计算和商业的结合将会为企业创造实实在在的价值。阿里云 2.0 将领先的数字应用能力，转化为企业的创新推动力，构建了一个可感知的平台，并形成产业智能闭环，为企业注入了新的活力，如图 4-4 所示。

图 4-4　阿里云 2.0

阿里云 2.0 的核心观念就是"万物皆可云"。在数字化技术的大力支持下，它的产业应用涵盖政府、金融、能源和制造等多个方面，如图 4-5 所示。如今，"云"正成为时代的载体，成为数字化发展的一个标志，是企业发展的重大战略机遇。

图 4-5　产业应用

数字经济时代的来临，迫使企业不得不研发出数字化的生产力工具，"无影"就是阿里巴巴基于容器化架构，打造的可实现随时随地云上办公的平台，如

图4-6所示。"无影"具有海量的算力和算法,具备协同办公、即时通信、电子公文、文档编辑、用户管理、资源管理和日志管理等多个应用功能,可以给用户带来更加流畅、安全和高效的办公体验。

图4-6　"无影"云平台

阿里巴巴提供的云计算产品还包括应用上边缘云解决方案,它是借助阿里云全面覆盖的基础设施,为用户提供安全的边缘算力,可实现具有超高稳定性的音视频通信链路,如无缝对接的师生连接方案,如图4-7所示。

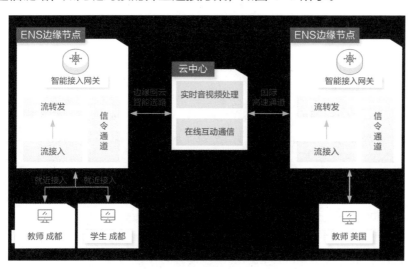

图4-7　无缝对接的师生连接方案

目前，许多企业都已经应用了边缘云解决方案，如虎牙直播、猿辅导、拓课云和盒马鲜生等，如图4-8所示。边缘云弹性灵活的特点能够降低分布式运维的复杂程度，提升传输的可靠性，所以它能处理软件上众多常见的视频需求和防盗损业务，同时保障视频或直播的流畅运行。

图4-8　应用边缘云客户案例

专家提醒

　　阿里云产品的应用，为企业带来了新的生命力。在这种大环境背景下，企业只有时刻跟紧技术发展的潮流，注重技术上的改革创新和企业数字化发展，才能在这飞速发展的时代中获得一席之地。

3. 阿里云安全

阿里云是一个具有庞大数据量的云平台，那么如何确保它的数据安全，以避免被不法之人盗窃？为此，阿里巴巴研发了阿里云DDoS防护服务，如图4-9所示。

阿里云DDoS防护服务是全球覆盖的，具有DDoS攻击检测功能和智能防护体系的云盾，可以轻松应对流量型攻击和资源耗尽型攻击，快速解决业务延迟、访问受限和业务中断等问题，从而达到减少业务损失的目的。

另外，阿里巴巴还自主研发了Web应用防火墙，如图4-10所示。它能够对网站或者软件业务流量的恶意行为进行识别及防护，保障核心业务的数据安全，并将安全的流量回流到服务器。

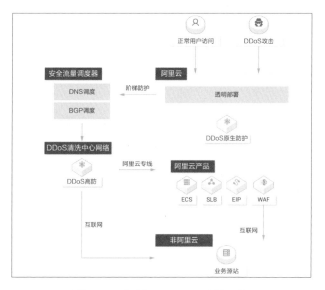

图 4-9 阿里云 DDoS 防护服务

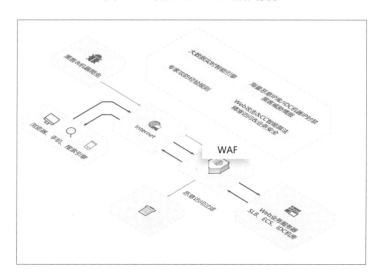

图 4-10 Web 应用防火墙

专家提醒

Web 应用防火墙能够实现毫秒级响应，具有安全、稳定的特点，还具有日志存储、分析和制定报表的功能，能够多维度进行网络防护，快速、全面地保障网络安全，实现更高效的运转。

4.1.2　腾讯云服务，高效经济化

腾讯云与阿里云一样，都是在云计算或大数据的基础上构建的技术平台，但是腾讯云更加注重通信方面的应用，如微信、QQ 或者钉钉等社交平台。要想了解这一点，还得从它的基础架构说起。

1．腾讯架构云

腾讯架构云包括腾讯云 TCE 解决方案和腾讯云 TStack 解决方案。腾讯云 TCE 解决方案适用于大中型企业构建自有的高标准云平台，它采用高可用的分布式云架构，可以提供多租户的复杂运营，如日志、监控、报表、发布和工作流等，如图 4-11 所示。

图 4-11　腾讯云 TCE 解决方案

腾讯云 TCE 解决方案也可以通过大数据来实现企业的私有化部署，为企业提供智能客服、人脸核身、智能投顾、智慧监控、智能搜索和镜像管理等应用服务，如图 4-12 所示。

许多国内领先的企业和服务商都应用了腾讯云 TCE 解决方案，这说明云计算与大数据确确实实为用户带来了便捷，实现了经济上的高效益。用户包括佳杰科技、奥飞数据和安畅网络等中国领先企业，如图 4-13 所示。

腾讯云 TStack 是聚焦政企，为它们提供私有全栈云的解决方案，如图 4-14 所示。它具有高效的运管能力，可以对平台进行模块化设计，借助微服务框架、云编排和蓝鲸平台等中间件和云服务器、物理机、弹性伸缩及负载均衡等基础资

源服务，为用户提供灵活的政务云、企业云、医疗云和教育云等解决方案。

图 4-12　大数据的私有化部署

图 4-13　腾讯架构云合作伙伴

图 4-14　腾讯云 TStack 解决方案

通过腾讯云 TStack 解决方案，阿里巴巴还打造了腾讯云 TStack 一体机柜，如图 4-15 所示。它高度集成化的全封闭结构可以为用户提供私有云一站式解决方案，降低了基础建设成本。另外，腾讯云 TStack 一体机柜还具有触控监控屏，能够实现机柜的全面监控和检测，具有高效、易用的特点。

图 4-15　腾讯云 TStack 一体机柜

专家提醒

通过统一的云平台管理，企业可以实现更加高效和便捷的办公服务。可视化操作提高了系统运营的稳定性，而海量的数据为系统模型的构建创造了更多的可能性，这些都为云平台的应用打下了坚实的基础。

2．腾讯企业云

云计算与物联网本就是相辅相成的。腾讯将云计算赋能智能视频硬件开发设备，如智能手表、智能门锁和智能监控等，可以实现硬件的在线监控、录像回看和智能分析功能，给予了用户极致的视频物联体验，如图 4-16 所示。

对于监控得到的数据，腾讯云平台会对其进行自动分析，并提供具备可视化和分析功能的智能仪表盘 Dashboard，如图 4-17 所示。Dashboard 会将数据以各种形式呈现在面板中，为管理者提供多个角度的数据分析，使数据更加直观。

图 4-16　云计算赋能智能视频硬件开发

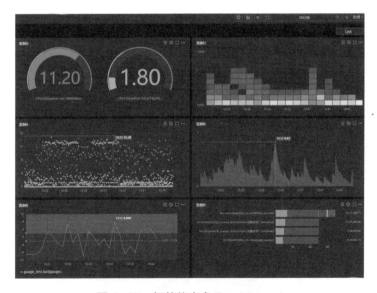

图 4-17　智能仪表盘 Dashboard

　　另外，针对企业商务会议、年会、论坛和演讲等诸多场景，并基于腾讯多年累积的云计算经验技术，腾讯还研发了腾讯云智慧会务 TCC 系统，并使其具有人脸签到、同声传译、现场互动和统计管理功能，如图 4-18 所示。

　　腾讯云智慧会务 TCC 系统就是通过微信小程序或者 H5，再结合 AI 人脸识别技术、图像处理技术、自然语言技术、同声传译和视频直播等技术，实现企业会议的无纸化、在线化和数字化。

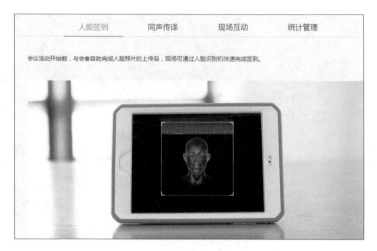

图 4-18 智慧会务 TCC 系统

对于大型企业来说，如何实现企业数据的快速采集、存储和清洗功能，同时降低楼宇能耗，也是一个值得引人深思的问题。在这一背景下，腾讯研发了物联网边缘计算平台 IECP，如图 4-19 所示。

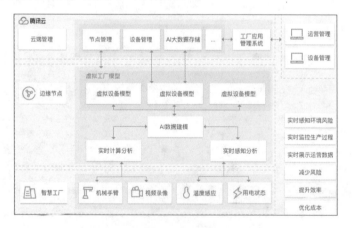

图 4-19 物联网边缘计算平台 IECP

物联网边缘计算平台 IECP 可以将企业工厂边缘的计算节点联合起来，通过云端一体化的控制云台对工厂的视频监控和机械设备等场景进行智能分析，并对其进行弹性调度，从而达到降低运维成本的目的。

3. 腾讯云通信

腾讯云在通信方面的应用体现在它的云开发方面。相对于传统开发来说，云开发具有低成本、稳定可靠和高效安全的特点，且具有基础服务和托管服务，如

图 4-20 所示。

图 4-20 云开发与传统开发

为了获得云开发流畅的服务体验，腾讯打造了微信生态上云方案，如图 4-21 所示。微信是一款具有超高流量的软件，它具有独特的生态优势，再加上云计算和大数据等领先技术，可以带来最优的用户体验。

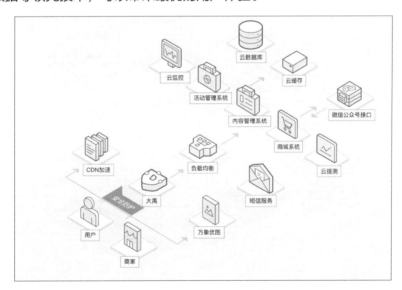

图 4-21 微信生态上云方案

微信生态上云方案实现了微信的消息传输、会话管理、群组管理和资料管理等多个功能，如图 4-22 所示。针对不同的应用需求，微信不仅可以发送文字、图片、短语音和短视频等富媒体消息，还支持自定义表情，为用户提供了灵活的服务体验。

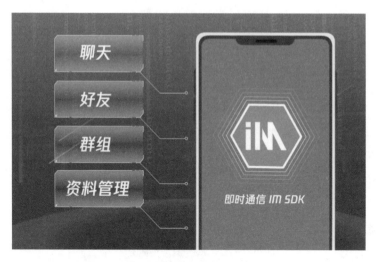

图 4-22 微信即时通信云服务

基于微信社交的独特运营优势，腾讯还打造了社群运营工具平台，即将客户加到企业微信上，建立腾讯云微企管家，为客户提供专业的服务，从而达到使客户快速增长的目的，实现客户的精细化运营，如图 4-23 所示。

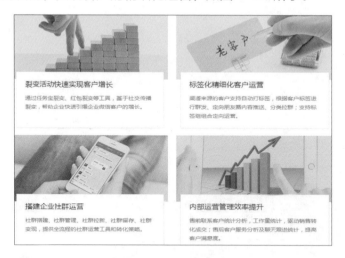

图 4-23 多种应用场景

4.1.3 京东智联云，保障安全性

京东智联云是原京东云、京东人工智能和京东物流 3 个品牌的集合体。目前，京东智联云的数字化产业已经遍布全球，在教育、金融、零售和政务等方面发展得十分广泛，颠覆了传统的生产模式，推动了京东的数字化发展。

1. 京东云方案

云主机是京东智联云的云计算服务单元，搭载了云主机的用户无须购买硬件也可以快速部署应用，且性能稳定、可靠，具有超高的性价比，如图 4-24 所示。

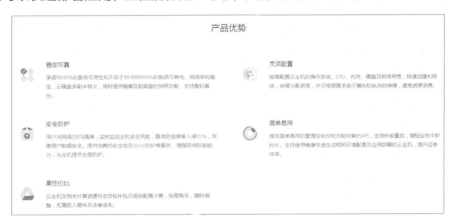

图 4-24　云主机产品优势

为云主机提供逻辑集合的就是京东智联云研发的高可用组，如图 4-25 所示。也就是说，当某台 Web 服务云主机所在的物理资源发生故障时，由于不同的服务采用不同的组部署，其他 Web 服务将不受影响，保证了用户业务的高可用性。

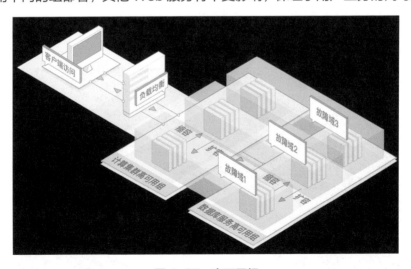

图 4-25　高可用组

2. 京东云数据库

京东云数据库 SQL Server 是基于微软打造的，适合企业核心应用或移动办公的需求，如图 4-26 所示。系统可根据用户设置的时间段自动进行备份，在线备份时间可长达两年。它具有多种防护安全机制，即将主机置于防火墙的保护之下，只开放必需的端口，保障了数据的安全运行。

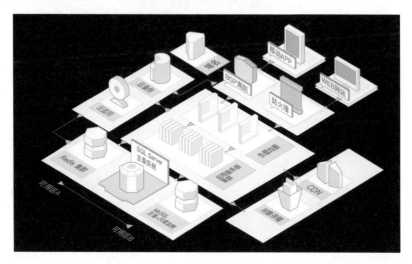

图 4-26　京东云数据库 SQL Server

另外，京东基于国内开源数据库 TiDB 还打造了一款具备联机事务处理和分析处理功能的数据库，即分布式数据库，如图 4-27 所示。它具有强大的分布式查询引擎，使得数据分析和联机交易能在同一台机器上完成，避免了传统数据转换和加工带来的麻烦，适用于各种需要对数据进行实时分析的场景。

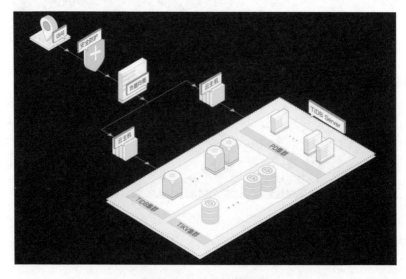

图 4-27　分布式数据库

在企业的日常经营活动中，通常需要将客户情况和销售情况等多种数据汇总到云数据库，并进行商业智能分析，从而实现对业务的具体应用，如图4-28所示。通过云数据库或者同步工具 ETL，可以为用户提供丰富的可视化监控数据指标，并设置自动报警规则，提高管理决策的精准度和效率，降低数据运维的成本。

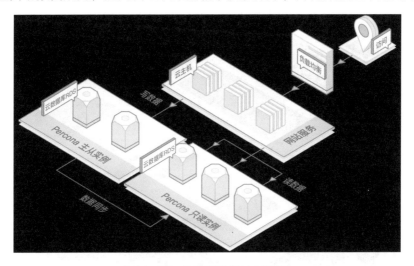

图 4-28　云数据库的应用流程

3. 京东上云技术

京东推出的 Oracle 上云解决方案具有多种部署架构，如 Oracle 灾备和 Oracle RAC 等，可以为企业提供完善的数据备份功能，助力企业数字化转型，为企业系统提供高效和安全的平台支撑，如图 4-29 所示。

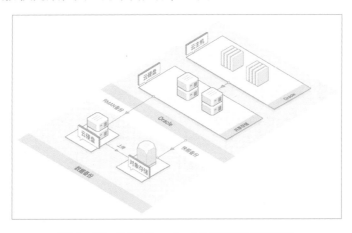

图 4-29　京东 Oracle 上云解决方案的优势

利用京东 Oracle 上云海量的数据存储和边界处理能力，将其与 5G 强大的数据传输能力相结合，京东还推出了 VR 直播服务，如图 4-30 所示。VR 直播可为用户提供多方面数据采集服务、拼接推流服务、云端服务及播放服务，其强大的 VR 处理能力可以适用于多种业务场景，如 VR 在线旅游、VR 家装、VR 事件直播、VR 会展、VR 商业包装、VR 会议和 VR 医疗等。

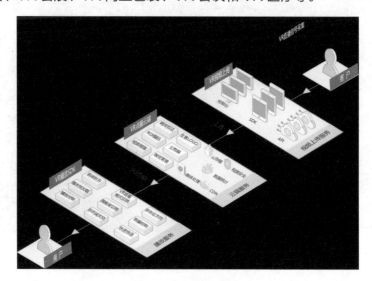

图 4-30　VR 直播

4.2　国外云平台，产业生态化

从分布式存储到分布式计算、从传统 ETL 到数据管道，云计算都能给人们带来相应的解决方案。AWS 是亚马逊旗下的云计算服务平台，它可以向客户提供包括云计算、数据库、物联网、移动产品和企业应用程序等一整套基础设施和云解决方案。

4.2.1　AWS 亚马逊云，安全可靠

云平台所带来的快捷数据分析及其非常安全的数据存储等服务正是用户的根本需求，这一点在国外也受到了广泛的关注和欢迎。下面就以 AWS 云部署、AWS 云产品和 AWS 云安全为例来具体说明 AWS 亚马逊云的产业布局。

1. AWS 云部署

AWS 的云计算部署模型主要有混合云和本地云这两种，如图 4-31 所示。云部署是指所有的应用程序都在云中运行或迁移到云中加以利用，每一个应用程

序都代表着云计算堆栈的一个独特部分。混合部署是基于云与非云之间的方法，它是通过组织扩展的方式将云资源与内部系统相连接的。

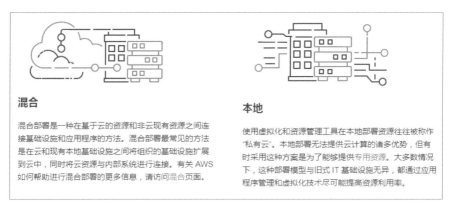

混合

混合部署是一种在基于云的资源和非云现有资源之间连接基础设施和应用程序的方法。混合部署最常见的方法是在云和现有本地基础设施之间将组织的基础设施扩展到云中，同时将云资源与内部系统进行连接。有关 AWS 如何帮助进行混合部署的更多信息，请访问混合页面。

本地

使用虚拟化和资源管理工具在本地部署资源往往被称作"私有云"。本地部署无法提供云计算的诸多优势，但有时采用这种方案是为了能够提供专用资源。大多数情况下，这种部署模型与旧式 IT 基础设施无异，都通过应用程序管理和虚拟化技术尽可能提高资源利用率。

图 4-31　AWS 云计算部署模型

　　云计算作为重要的基础设施平台，已经成为企业发展和转型的重要驱动力。那么，如何正确认识和应用云计算呢？ AWS 在此基础上推出了 AWSome Day 培训和认证服务，如图 4-32 所示。

图 4-32　AWSome Day 培训和认证服务

　　这是一套围绕 AWS 云计算核心服务的技术培训课程，目的是帮助用户全面了解云计算知识，其中还会介绍 AWS 系列云服务、AWS 经典技术架构及客户案例，完成课程后即可获得 AWSome Day 官方培训证书。

　　AWS 的云部署还可以加快关键任务型工作大规模迁移到云中的进程，且具有成熟的灾难恢复解决方案和存储功能，如图 4-33 所示。

图 4-33　AWS 云迁移

2．AWS 云产品

AWS 为用户提供了一系列的"托管"产品，即在没有物理服务器的情况下，用户照样可以完成软件开发中的各种需求，也就是常说的云产品，如 AWS 成本管理和 AWS 迁移与传输等，如图 4-34 所示。

图 4-34　AWS 云产品

那么，AWS 是如何将数据迁移到云中的呢？这就不得不提到物联网设备平台 (AWS IoT Core)，如图 4-35 所示。在没有配置或管理器的前提下，使用 AWS IoT Core，将 IoT 设备连接到 AWS 云，可连接的规模十分庞大，能够支持数十亿台设备和数万亿条消息的发送。

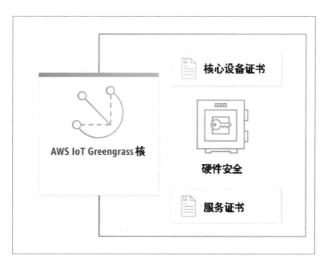

图 4-35　物联网设备平台

借助 AWS IoT Core，用户可以随时跟踪所有的通信设备，不管这些设备是否处于连接状态。这是因为 AWS IoT Core 引入了一种新的云中虚拟 Alexa 内置设备，用户可以通过预留的 MQTT 主题与用户处于同一终端状态，并与其设备的麦克风或扬声器进行交互。

另外，AWS 还为用户提供了一种安全的桌面即服务 (DaaS) 解决方案，即虚拟桌面基础设施 (Amazon WorkSpaces)。用户可以使用 Amazon WorkSpaces 在几分钟内预置 Windows 或 Linux 桌面，在简化桌面交付的同时保证空间数据的安全，如图 4-36 所示。

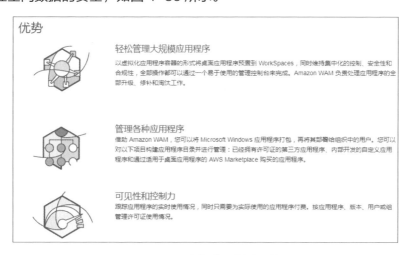

图 4-36　虚拟桌面基础设施

3. AWS 云安全

AWS 十分注重用户数据的隐私和安全，因此开发了一系列有关云安全的解决方案，如 Amazon GuarDuty 等，获得了大量用户的青睐。曾有人这样评价："当我们能够提供额外的安全性而不会带来任何的不便时，我们会喜欢它。"这就是 AWS 的价值所在，如图 4-37 所示。

图 4-37 AWS 云安全的价值

AWS 云安全服务主要是指对用户的数据库进行统一检测和管理，避免被外人盗取，具体包括日志记录、监控、威胁检测和分析，身份和访问控制，漏洞和配置分析，应用程序安全和安全工程等，如图 4-38 所示。

日志记录、监控、威胁检测和分析	身份和访问控制	漏洞和配置分析	应用程序安全
集中记录、报告和分析日志，以提供可见性和安全性见解。	帮助定义和管理用户身份、访问策略和权利。帮助实施业务治理，包括用户身份验证、授权和单点登录。	帮助检查应用程序部署的安全风险和漏洞，同时提供优先顺序和相关建议来协助修复。	评估代码、逻辑和应用程序输入以检测软件漏洞和威胁。
了解更多 »	了解更多 »	了解更多 »	了解更多 »
咨询合作伙伴	**安全工程**	**监管、风险与合规性**	**安全运营与自动化**
为 AWS 客户提供专家指导，说明如何利用安全工具并将最佳实践融入到其环境的每一个环节。	通过现代安全工具和框架加快人员和进程，从而提供 AWS 云上独一无二的安全功能。	在帮助客户完成和成功获得行业保证以及各种认证计划的审核和认证方面取得了显著成功。	实践证明，具有为所有行业纵向市场的客户构建可扩展的解决方案的能力，以及从头开始构建安全的基础设施、环境和应用程序方面的专业知识。
了解更多 »	了解更多 »	了解更多 »	了解更多 »

图 4-38 AWS 云安全服务

专家提醒

随着企业数字化进程脚步的逐渐加快，云安全就像是隐藏在海面上的巨大冰川，不知道什么时候会冒出来。数据泄露、恶意软件感染和账号安全受损等云安全威胁事件数不胜数，所以企业和用户一定要加强云安全意识。

由于 AWS 的安全与合规，越来越多的用户选择使用 AWS，它在制造业、金融服务、健身、房地产、医疗保健、游戏和媒体等诸多场景下都得到了广泛应用，如图 4-39 所示。

图 4-39　AWS 客户应用

4.2.2　Azure 微软云，数字化办公

从云平台到大数据、从人工智能到智能边缘计算，微软尽自己最大的努力开发技术去实现企业的数字化流程，将传统产品 Office 与 Azure 云服务相结合，从而创造了让人眼前一亮的新世界。

1. 微软云产品

微软云是一种生产力云，它将 Office 应用、智能云服务和高级安全性整合到一起，可帮助企业更高效地沟通，在电子商务、数字媒体、备份和存档、大数据和分析、开发与测试、游戏及数字营销等方面具有广泛的应用，如图 4-40 所示。

图 4-40　Microsoft 365

微软自主研发的混合云与多云具有极大的优势,因为它的 Azure 保护系统、管理与安全服务、数据服务与 Azure 服务背后的技术路径是一致的,统一了本地云、混合云和跨云基础结构,如图 4-41 所示,使企业可以灵活地面对各种业务场景。

图 4-41　混合云与多云

2．微软云数据

微软具有强大的 Azure 数据平台,可以实现所有数据的智能化,让数据更快地进入市场,可在任意地方进行部署,为用户提供个性化服务。Azure 数据平台内部还包含人工智能技术,可以将机器学习应用于数据库,提升了软件的预测速度,提高了数据的安全性能,如图 4-42 所示。

Azure 数据平台之所以如此受欢迎是因为其具有数据工厂,它构建的智能应用程序具有超大容量,可以跨越任何规模的数据,将企业数据与全球的数据结合起来，再加上人工智能技术的推动作用，可以使企业获得根本上的变革，如图 4-43 所示。

图 4-42　Azure 数据平台

图 4-43　Azure 数据工厂

3．微软云案例

在能源方面，微软还开发了一系列车联网云服务，可帮助用户实现能源的可持续发展，减少 IT 基础设施的碳排放量，如图 4-44 所示。该云服务可以量化每个 Azure 用户在数据中心区域内的碳排放影响，它还可以通过互联车辆、智联城市和家庭进行智慧能源管理，利用云平台计算并节约能源，从而带来一定的社会和经济影响。

图 4-44　车联网云服务案例

微软在制造行业也具有广泛的应用，如图 4-45 所示。利用数据后台，微软可以促成制造业实现从车间到客户的转型，为客户服务提供多方位的销售和服务渠道，借助物联网和 IT 技术，微软还可以帮助企业构建更敏捷的工厂。

图 4-45　制造行业应用

4.2.3　IBM 企业云，获得真实体验

IBM 云作为一个同时具有公有、私有和混合环境的企业全堆栈云平台，具

有领先的数据底蕴、云计算功能以及 20 个行业深厚的企业专业知识，在云计算领域打下了专属于自己的一片蓝天。

1. IBM 云优势

随着云计算市场的不断扩大，各大企业也纷纷凸显出了自己的优势。IBM 云计算与阿里云相比，具有更加真实的裸机云体验；与 AWS 云相比，它的设置选项更多，能处理更复杂的工作任务，如图 4-46 所示。

一次构建，随处部署

更快速地使更多应用实现现代化

在 IBM 公共云、私有云或您选择的云中开发和部署应用，而无需重新编码。

在 IT、私有云或公共云上进行现代化改造，并将任何地方的应用和数据连接起来。

探索 Red Hat OpenShift on IBM Cloud →

探索 IBM Cloud Pak →

图 4-46　IBM 云计算的优势

IBM 云计算凭借其自身强大的实力，在这拨诡谲的云市场中占据了一席之地。例如，IBM 海外公有云不仅具有稳定、快速和安全的特点，还能帮助企业运行关键云应用及遗留的工作负载，如图 4-47 所示。

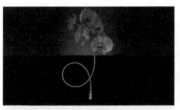

Airtel 正在 IBM 和 Red Hat 的帮助下壮大开放的云网络

印度电信公司 Bharti Airtel 正在 Red Hat 的帮助下建立更高效、更灵活且面向未来的网络云。

Coca-Cola European Partners 正在 IBM 的帮助下加速转型

CCEP 将利用 Red Hat OpenShift 加速其混合云迁移，帮助他们运行关键云应用以及遗留的本地工作负载。

图 4-47　IBM 海外公有云的应用

2．IBM 云产品

IBM 混合云能够构建云原生应用，它是基于 IBM 自研的混合云容器平台 Red Hat OpenShift 构建的，用户可以随时随地通过任何云开发和使用云服务，从而实现数据预测和数据洞察等功能，如图 4-48 所示。

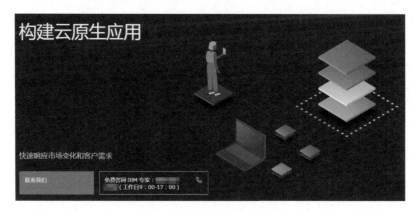

图 4-48　构建云原生应用

软件只有在用户能够跨多个工作流程并将其集成的情况下才能发挥最佳效用。IBM 混合云解决方案可帮助用户实现大规模自动化和现代化发展，利用智能自动化可节约用户 50% 的时间，推进企业快速进行数字化转型，如图 4-49 所示。

图 4-49　IBM 混合云的优势

随着 5G 技术的快速发展，IBM 也提供了有针对性的解决方案，如图 4-50 所示。IBM 将 5G 与边缘计算平台相结合，使数据存储更靠近生成数据的位置，降低了系统运行成本，大大提高了数据处理速度。

利用边缘计算和 5G 技术根据洞察采取行动

通过在边缘更快速地处理数据洞察，自动执行操作并改善体验。

探索边缘计算 →

加快软件和服务交付速度

提高敏捷性，缩短发布周期，增强可靠性并保持竞争优势。

探索 IBM DevOps →

图 4-50 5G 与边缘计算平台相结合

3. IBM 云发展

据报道，IBM 在 2020 年便将 IT 基础设施剥离出去，同时，专注于发展云计算业务与人工智能技术。没有了客户捆绑束缚的 IBM，将有更大的自由去追逐和开拓混合云市场。图 4-51 所示为与 IBM 合作的福耀玻璃工业集团和 Avazu 推广平台。

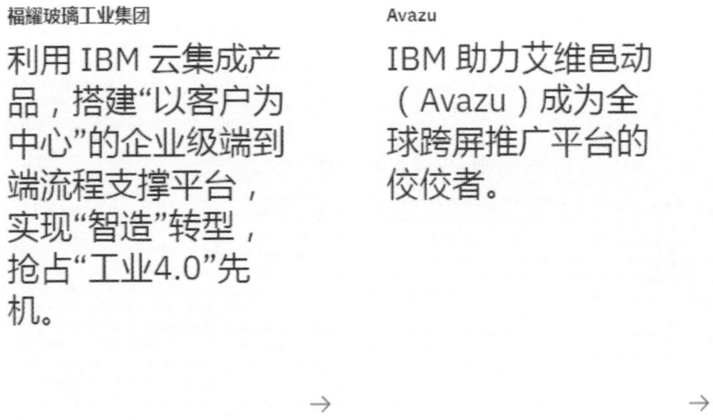

福耀玻璃工业集团

利用 IBM 云集成产品，搭建"以客户为中心"的企业级端到端流程支撑平台，实现"智造"转型，抢占"工业4.0"先机。

Avazu

IBM 助力艾维邑动（Avazu）成为全球跨屏推广平台的佼佼者。

→   →

图 4-51 与 IBM 合作案例

另外，在金融方面 IBM 还研发了 IBM 云网络安全版本，它可以智能检测企业中的威胁并划分优先级，通过将分散在网络中的数千个设备终端相联合，使这些不同的信息集合起来，最终将异常数据汇总为警报信息，帮助用户快速响应，如图 4-52 所示。

图 4-52　IBM 云网络安全版本

4.3　本章小结

本章主要介绍了国内外领先企业的云平台技术及产业布局，帮助各位读者更快地了解市场发展状况，为将来进入新型技术企业打下坚实的基础，具体包括阿里云服务、腾讯云服务、京东智联云、AWS 亚马逊云、Azure 微软云和 IBM 企业云。

4.4　本章习题

4-1　阿里巴巴的云服务器具有哪些功能？

4-2　AWS 的云计算部署模型主要有哪两种？

第 5 章
直击大数据，迎接新挑战

学前
提示

随着大数据的应用越来越广泛，越来越多的人开始重视大数据的学习与了解。那么，什么才是大数据？它的特征以及构成又是怎样的？它具有哪些商业营销模式？面对大数据技术的挑战，我们应该如何应对？

5.1 知识梳理，全面了解

何谓"大"数据？在数据方面，"大"(big) 是一个快速发展的术语，因此其自身发展变化而引起的社会竞争的激烈化也就显而易见了，越来越多的企业参与到大数据的竞争中来就是其表现之一。

5.1.1 基本含义，分类汇总

要想了解大数据的概念，还要从大数据本身入手。从"数据"这两个字来分析，大数据是海量而巨大的，它关乎数据量。那么，这个"大"究竟大到了一种什么样的程度呢？可以说它即将突破现有常规软件所能提供的能力极限。

那么，大数据的"大"到底指的是哪些方面呢？笔者认为，大数据与传统的数据有所区别，其特征可以用 4 个 V 来总结，即 Volume(体量大)、Variety(多样性)、Value(价值密度低) 和 Velocity(速度快)，如图 5-1 所示。

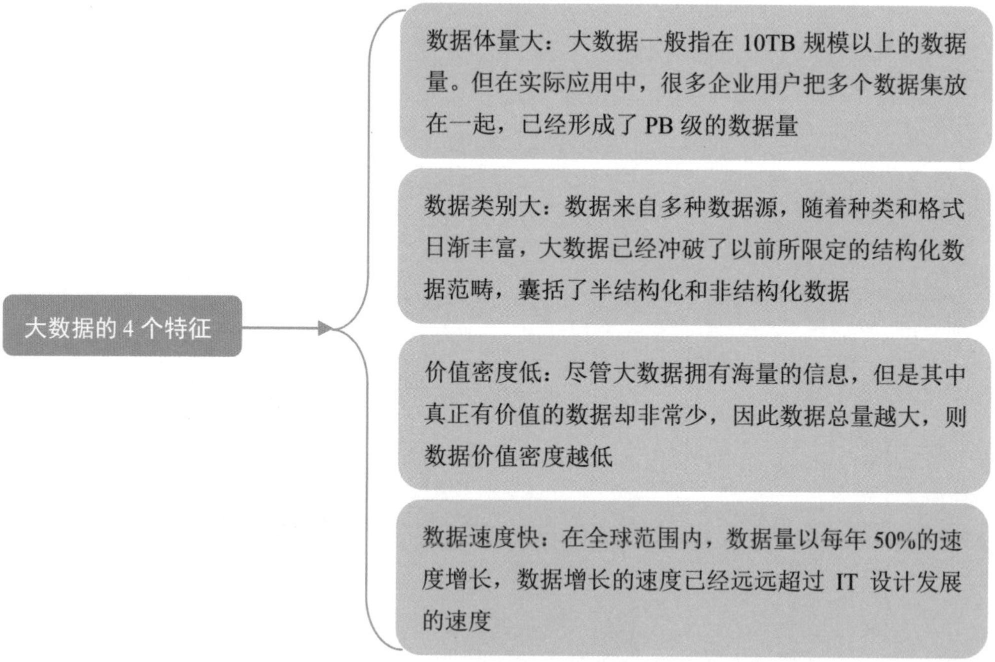

大数据的 4 个特征

> 数据体量大：大数据一般指在 10TB 规模以上的数据量。但在实际应用中，很多企业用户把多个数据集放在一起，已经形成了 PB 级的数据量

> 数据类别大：数据来自多种数据源，随着种类和格式日渐丰富，大数据已经冲破了以前所限定的结构化数据范畴，囊括了半结构化和非结构化数据

> 价值密度低：尽管大数据拥有海量的信息，但是其中真正有价值的数据却非常少，因此数据总量越大，则数据价值密度越低

> 数据速度快：在全球范围内，数据量以每年 50% 的速度增长，数据增长的速度已经远远超过 IT 设计发展的速度

图 5-1 大数据的 4 个特征

因此，称之为大数据的新世界，它是用传统数据库软件工具对其内容进行抓取、管理和处理的数据集合。另外，大数据又可分为结构化、半结构化、准结构化和非结构化 4 种结构类型，如图 5-2 所示。

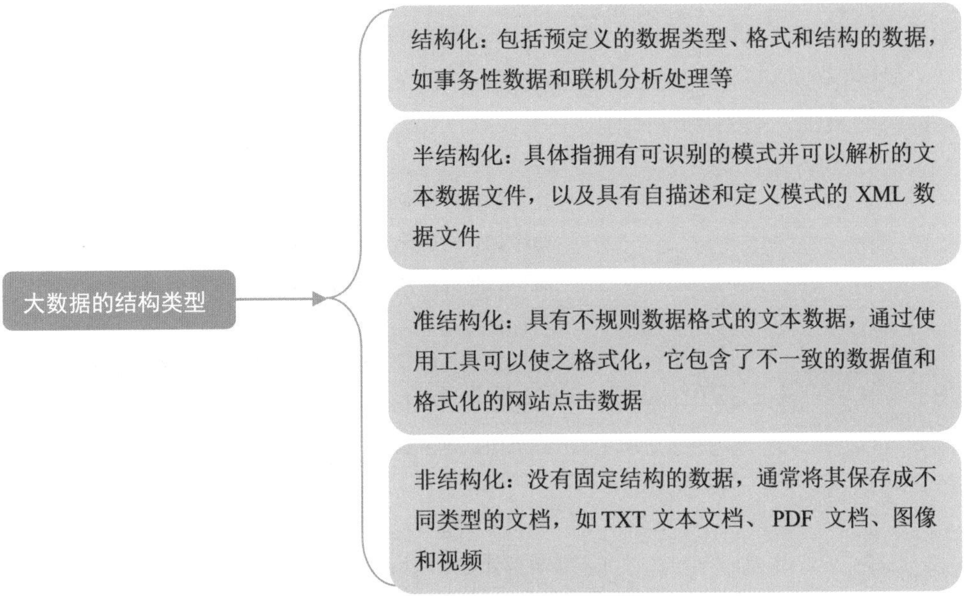

结构化：包括预定义的数据类型、格式和结构的数据，如事务性数据和联机分析处理等

半结构化：具体指拥有可识别的模式并可以解析的文本数据文件，以及具有自描述和定义模式的 XML 数据文件

大数据的结构类型

准结构化：具有不规则数据格式的文本数据，通过使用工具可以使之格式化，它包含了不一致的数据值和格式化的网站点击数据

非结构化：没有固定结构的数据，通常将其保存成不同类型的文档，如 TXT 文本文档、PDF 文档、图像和视频

图 5-2　大数据的结构类型

5.1.2　3 个方面，基本特征

随着数据体量的不断增大，如何更好、更快地处理企业经营和管理等方面的数据成为将来竞争的重点之一。大数据具有数据类型、价值和处理速度这 3 个基本特征，如图 5-3 所示。

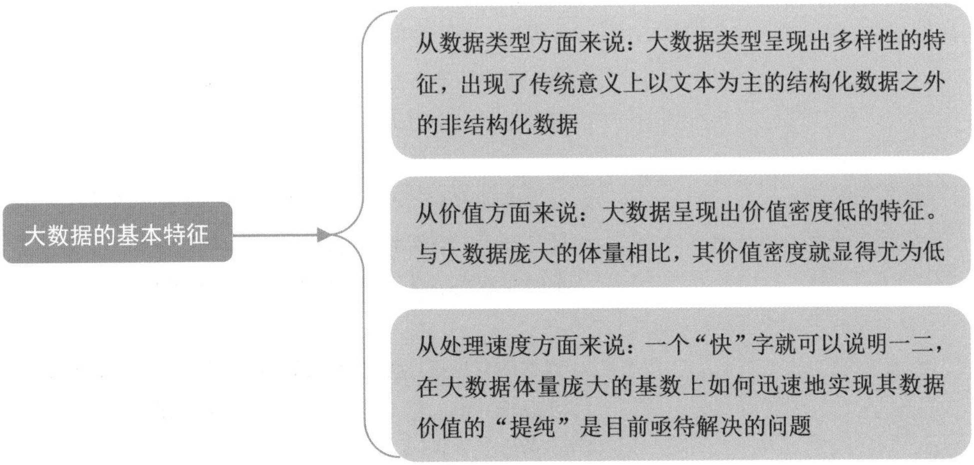

从数据类型方面来说：大数据类型呈现出多样性的特征，出现了传统意义上以文本为主的结构化数据之外的非结构化数据

大数据的基本特征

从价值方面来说：大数据呈现出价值密度低的特征。与大数据庞大的体量相比，其价值密度就显得尤为低

从处理速度方面来说：一个"快"字就可以说明一二，在大数据体量庞大的基数上如何迅速地实现其数据价值的"提纯"是目前亟待解决的问题

图 5-3　大数据的基本特征

5.1.3 构成体系，数据集合

大数据包括交易数据和交互数据集在内的所有数据集，是海量数据与复杂类型数据的集合，如图 5-4 所示。

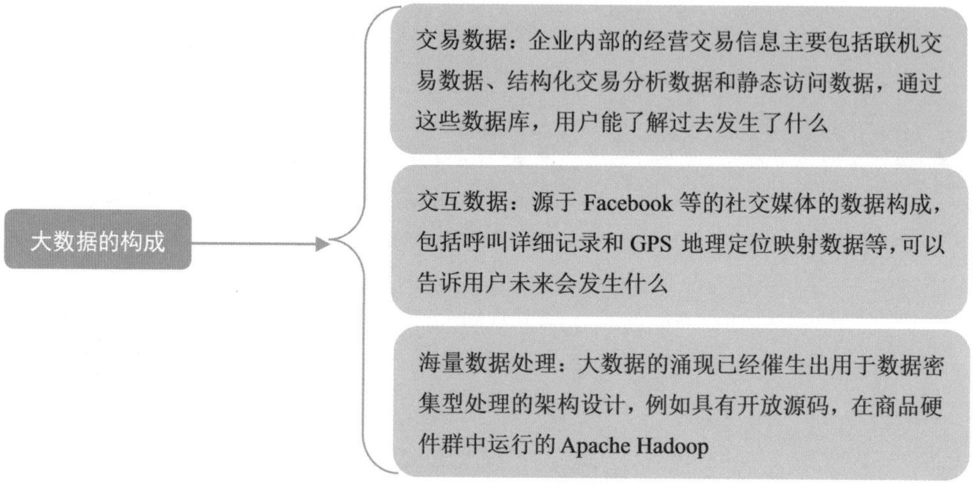

交易数据：企业内部的经营交易信息主要包括联机交易数据、结构化交易分析数据和静态访问数据，通过这些数据库，用户能了解过去发生了什么

交互数据：源于 Facebook 等的社交媒体的数据构成，包括呼叫详细记录和 GPS 地理定位映射数据等，可以告诉用户未来会发生什么

大数据的构成

海量数据处理：大数据的涌现已经催生出用于数据密集型处理的架构设计，例如具有开放源码，在商品硬件群中运行的 Apache Hadoop

图 5-4　大数据的构成

5.1.4 商业营销，挖掘用户

对于企业来说，形成深入理解用户的商业营销模式也是非常重要的，有利于深入挖掘用户，如图 5-5 所示。

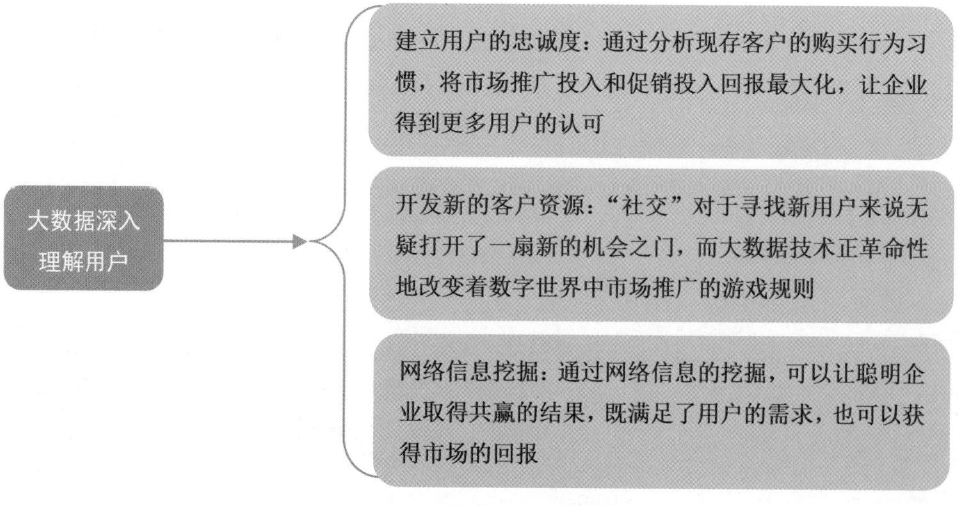

建立用户的忠诚度：通过分析现存客户的购买行为习惯，将市场推广投入和促销投入回报最大化，让企业得到更多用户的认可

大数据深入理解用户

开发新的客户资源："社交"对于寻找新用户来说无疑打开了一扇新的机会之门，而大数据技术正革命性地改变着数字世界中市场推广的游戏规则

网络信息挖掘：通过网络信息的挖掘，可以让聪明企业取得共赢的结果，既满足了用户的需求，也可以获得市场的回报

图 5-5　大数据深入理解用户

根据大数据资产的盈利方式和经营策略，形成了六大商业营销模式，如图 5-6 所示。

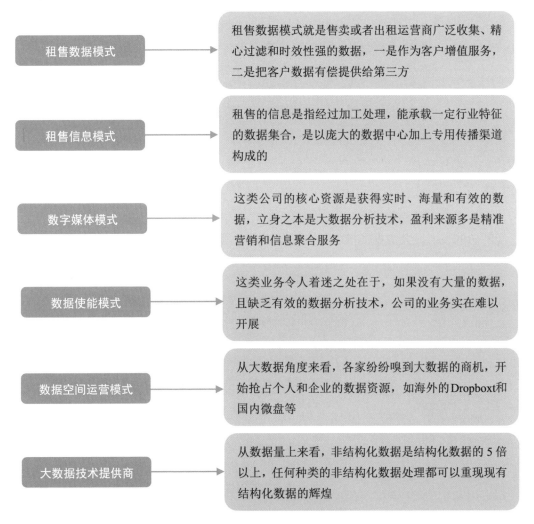

租售数据模式 → 租售数据模式就是售卖或者出租运营商广泛收集、精心过滤和时效性强的数据，一是作为客户增值服务，二是把客户数据有偿提供给第三方

租售信息模式 → 租售的信息是指经过加工处理，能承载一定行业特征的数据集合，是以庞大的数据中心加上专用传播渠道构成的

数字媒体模式 → 这类公司的核心资源是获得实时、海量和有效的数据，立身之本是大数据分析技术，盈利来源多是精准营销和信息聚合服务

数据使能模式 → 这类业务令人着迷之处在于，如果没有大量的数据，且缺乏有效的数据分析技术，公司的业务实在难以开展

数据空间运营模式 → 从大数据角度来看，各家纷纷嗅到大数据的商机，开始抢占个人和企业的数据资源，如海外的 Dropbox 和国内微盘等

大数据技术提供商 → 从数据量上来看，非结构化数据是结构化数据的 5 倍以上，任何种类的非结构化数据处理都可以重现现有结构化数据的辉煌

图 5-6　大数据六大商业营销模式

这种商业营销模式要求企业对数据高度敏感和重视，并具备对数据强大的挖掘能力，只有这样才能让企业得到更多用户的认可。另外，商业营销模式除了被动地提供数据外，还能主动了解用户的需求，从而让用户彻底对网站产生依赖。

专家提醒

　　亚马逊也是通过大数据的应用成为市场佼佼者的一个成功案例。作为一家信息公司，亚马逊的各个业务环节都离不开数据驱动的身影。亚马逊不仅从每个用户的购买行为中获得信息，还将每个用户在其网站上的所有行为都记录下来。例如，用户页面的停留时间、搜索的关键词和浏览的商品等。亚马逊明白一个很简单的双赢道理，即只要推荐的内容有用，那么买家开心，亚马逊自己也能挣更多钱。

5.1.5　技术架构，弹性存储

　　那么，大数据是通过什么样的技术架构来接受、容纳并处理这些海量数据的呢？总的来说，大数据的技术架构可以分为 4 层，如图 5-7 所示。

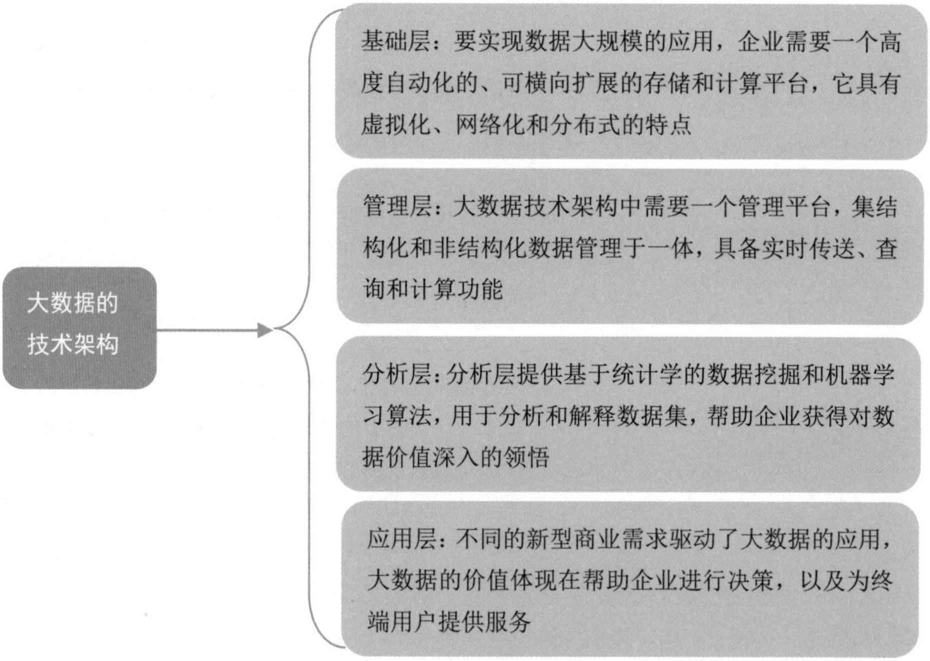

大数据的技术架构

基础层：要实现数据大规模的应用，企业需要一个高度自动化的、可横向扩展的存储和计算平台，它具有虚拟化、网络化和分布式的特点

管理层：大数据技术架构中需要一个管理平台，集结构化和非结构化数据管理于一体，具备实时传送、查询和计算功能

分析层：分析层提供基于统计学的数据挖掘和机器学习算法，用于分析和解释数据集，帮助企业获得对数据价值深入的领悟

应用层：不同的新型商业需求驱动了大数据的应用，大数据的价值体现在帮助企业进行决策，以及为终端用户提供服务

图 5-7　大数据的技术架构

专家提醒

云模型鼓励访问数据并提供弹性资源池来应对大规模问题，解决了如何存储大量数据，以及如何积聚所需的计算资源来操作数据的问题。

5.2　发展体系，网络竞争

目前，几乎所有世界级的互联网企业，都将业务触角延伸至大数据产业，无论是社交平台逐鹿、电商价格大战还是门户网站竞争，都有它的影子。那么，大数据究竟是如何发展的呢？它的体系有什么特色？本节就为大家一一解答。

5.2.1　生态转变，变革中心

怎样才能让这些大数据更好地为产品或营销服务？搞清楚大数据时代的业界生态是必不可少的步骤之一。大数据的生态转变具体可以分为 4 点，如图 5-8 所示。

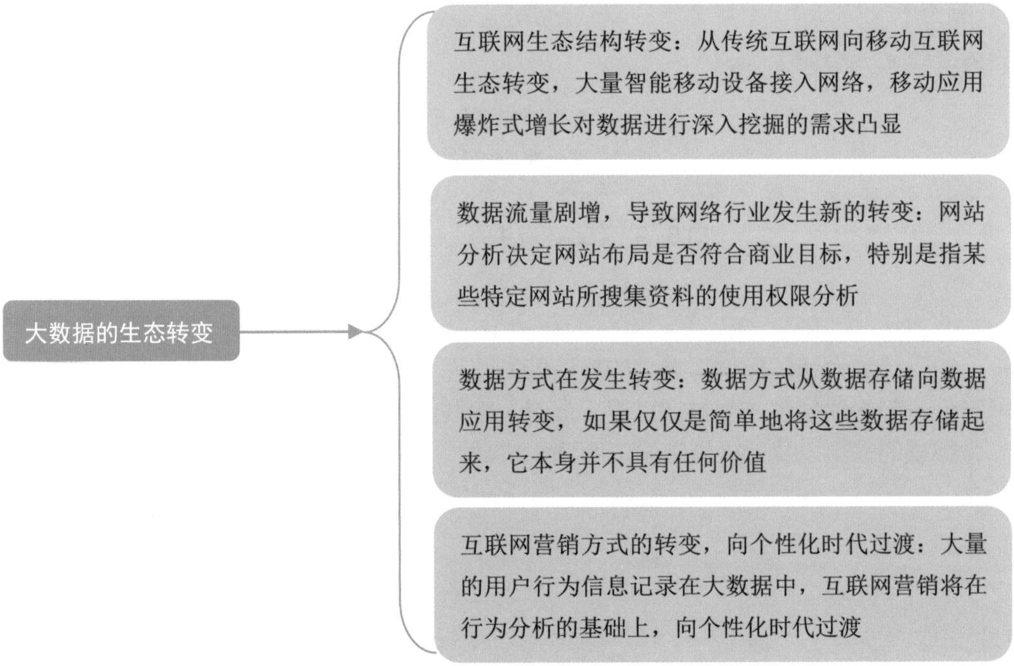

大数据的生态转变
互联网生态结构转变：从传统互联网向移动互联网生态转变，大量智能移动设备接入网络，移动应用爆炸式增长对数据进行深入挖掘的需求凸显
数据流量剧增，导致网络行业发生新的转变：网站分析决定网站布局是否符合商业目标，特别是指某些特定网站所搜集资料的使用权限分析
数据方式在发生转变：数据方式从数据存储向数据应用转变，如果仅仅是简单地将这些数据存储起来，它本身并不具有任何价值
互联网营销方式的转变，向个性化时代过渡：大量的用户行为信息记录在大数据中，互联网营销将在行为分析的基础上，向个性化时代过渡

图 5-8　大数据的生态转变

专家提醒

如今，大数据已经成为变革的中心，事实上可以称为一场革命。在 IT 领域、制造业、零售业、政府管理和科学技术等方面，大数据改变了它们所在行业的运行方式，刺激了消费的增长。

5.2.2 发展前景，时代前沿

当前，伴随着技术变革的发生，大数据将成为"未来的新石油"，互联网公司已经抢先发现这一点，站在了大数据时代的最前沿。作为后 PC 时代三大巨头，Facebook、苹果和谷歌正在成为大数据的拥有者和使用者，它们有着各自的发展特点，如图 5-9 所示。

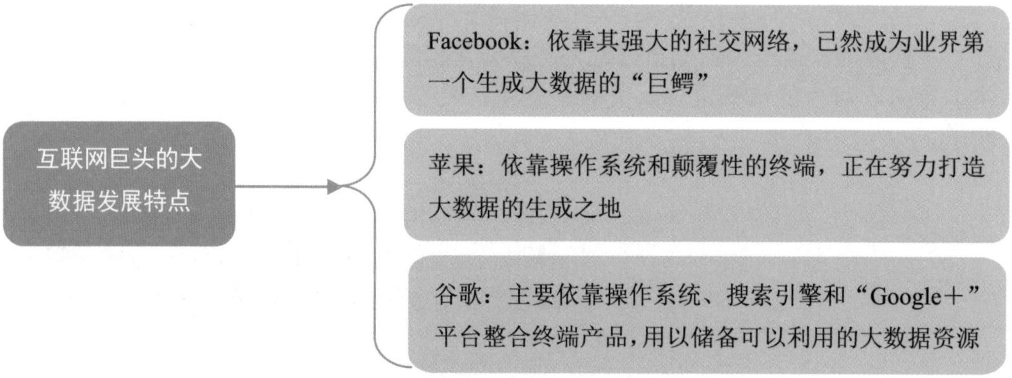

> **互联网巨头的大数据发展特点**
>
> Facebook：依靠其强大的社交网络，已然成为业界第一个生成大数据的"巨鳄"
>
> 苹果：依靠操作系统和颠覆性的终端，正在努力打造大数据的生成之地
>
> 谷歌：主要依靠操作系统、搜索引擎和"Google＋"平台整合终端产品，用以储备可以利用的大数据资源

图 5-9　互联网巨头的大数据发展特点

5.2.3 采集分析，数据挑战

云计算为我们提供了强大的算法能力，而大数据为我们采集了海量的数据，它们一起构建起了一个数字世界，促进了物联网的形成。但是，在物联网时代，大数据的采集以及分析依然面临着诸多挑战，如图 5-10 所示。

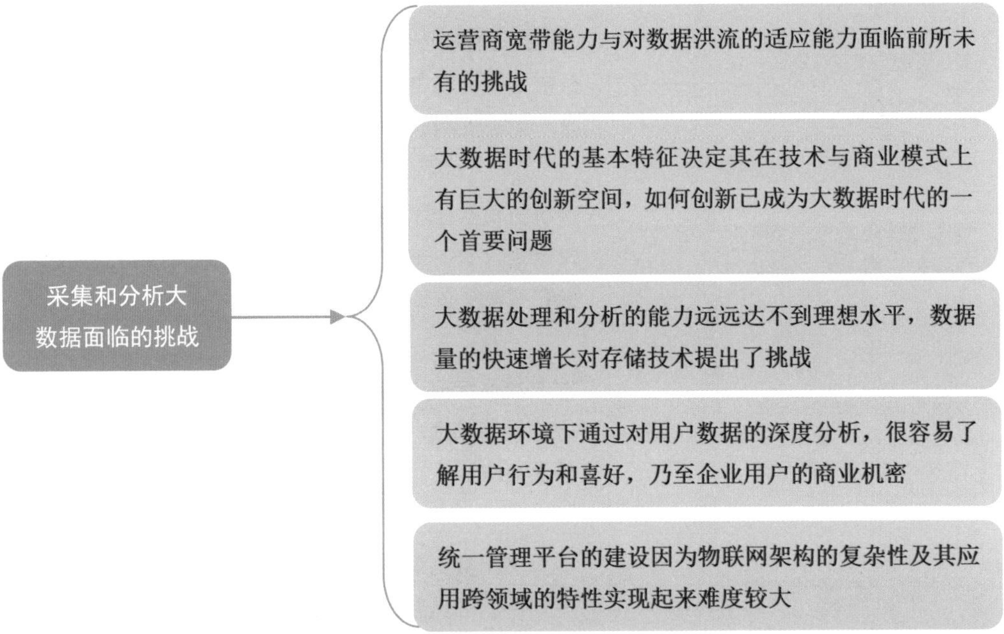

运营商宽带能力与对数据洪流的适应能力面临前所未有的挑战

大数据时代的基本特征决定其在技术与商业模式上有巨大的创新空间，如何创新已成为大数据时代的一个首要问题

采集和分析大数据面临的挑战

大数据处理和分析的能力远远达不到理想水平，数据量的快速增长对存储技术提出了挑战

大数据环境下通过对用户数据的深度分析，很容易了解用户行为和喜好，乃至企业用户的商业机密

统一管理平台的建设因为物联网架构的复杂性及其应用跨领域的特性实现起来难度较大

图 5-10　采集和分析大数据面临的挑战

5.2.4　应对策略，数据支撑

大数据可以给企业管理和决策带来数据支撑。但与此同时，大数据也给企业带来了巨大的挑战。针对这些挑战，笔者总结了 7 个应对策略，如图 5-11 所示。

专家提醒

可以看到，用大数据这个视角，可以考察企业的兴衰。第一，企业如果对大数据不关心、不了解，必将走向衰败；第二，拥有大量的数据，并善加运用的公司，必将赢得未来。时代变了，判断企业价值的标准和判断软件价值的标准也变了。

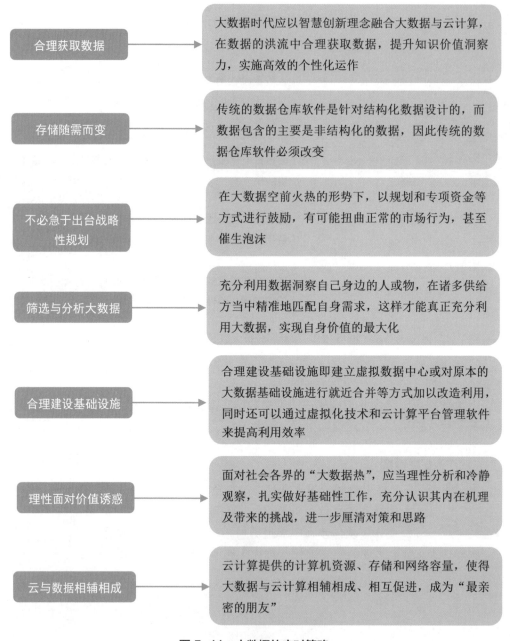

合理获取数据	大数据时代应以智慧创新理念融合大数据与云计算，在数据的洪流中合理获取数据，提升知识价值洞察力，实施高效的个性化运作
存储随需而变	传统的数据仓库软件是针对结构化数据设计的，而数据包含的主要是非结构化的数据，因此传统的数据仓库软件必须改变
不必急于出台战略性规划	在大数据空前火热的形势下，以规划和专项资金等方式进行鼓励，有可能扭曲正常的市场行为，甚至催生泡沫
筛选与分析大数据	充分利用数据洞察自己身边的人或物，在诸多供给方当中精准地匹配自身需求，这样才能真正充分利用大数据，实现自身价值的最大化
合理建设基础设施	合理建设基础设施即建立虚拟数据中心或对原本的大数据基础设施进行就近合并等方式加以改造利用，同时还可以通过虚拟化技术和云计算平台管理软件来提高利用效率
理性面对价值诱惑	面对社会各界的"大数据热"，应当理性分析和冷静观察，扎实做好基础性工作，充分认识其内在机理及带来的挑战，进一步厘清对策和思路
云与数据相辅相成	云计算提供的计算机资源、存储和网络容量，使得大数据与云计算相辅相成、相互促进，成为"最亲密的朋友"

图 5-11　大数据的应对策略

5.3　摆脱风险，保护隐私

大数据的确改变了我们的思维，更多的商业和社会决策能够"以数据说话"。不过除了这所有利好外，如何让大数据不侵入我们的隐私世界，也是与之伴生并须严肃考虑的问题。

5.3.1　五大风险，管理困难

任何事物都是一把双刃剑，大数据正逐渐变成生活中的"第三只眼"，它敏锐地洞察和监控着我们的生活。想一想，淘宝掌握着我们的购物习惯，搜狗浏览器监视着我们的网页浏览记录，微信似乎对我们和朋友之间的关系无所不知。大数据存在哪些风险呢？具体体现在 5 个方面，如图 5-12 所示。

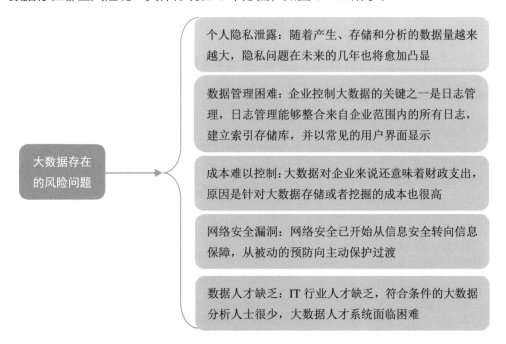

图 5-12　大数据存在的风险问题

5.3.2　七大误区，商业价值

大数据分析可以给企业带来巨大的商业价值，同时它也可能带来灾难。各位读者应谨记下面提到的大数据的七大误区，切莫成为大数据分析项目的反面典型，如图 5-13 所示。

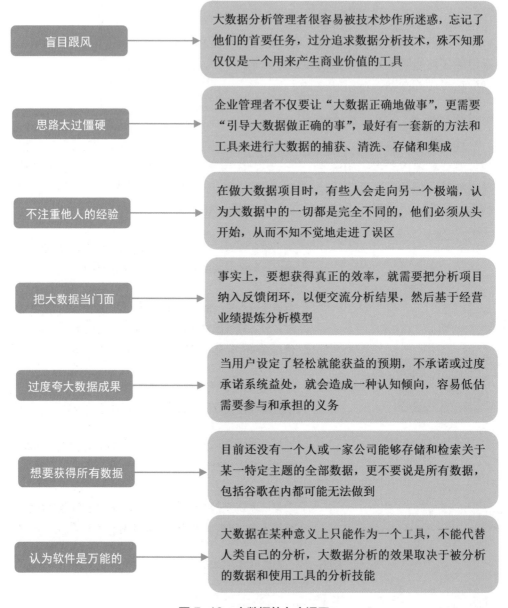

盲目跟风	大数据分析管理者很容易被技术炒作所迷惑，忘记了他们的首要任务，过分追求数据分析技术，殊不知那仅仅是一个用来产生商业价值的工具
思路太过僵硬	企业管理者不仅要让"大数据正确地做事"，更需要"引导大数据做正确的事"，最好有一套新的方法和工具来进行大数据的捕获、清洗、存储和集成
不注重他人的经验	在做大数据项目时，有些人会走向另一个极端，认为大数据中的一切都是完全不同的，他们必须从头开始，从而不知不觉地走进了误区
把大数据当门面	事实上，要想获得真正的效率，就需要把分析项目纳入反馈闭环，以便交流分析结果，然后基于经营业绩提炼分析模型
过度夸大数据成果	当用户设定了轻松就能获益的预期，不承诺或过度承诺系统益处，就会造成一种认知倾向，容易低估需要参与和承担的义务
想要获得所有数据	目前还没有一个人或一家公司能够存储和检索关于某一特定主题的全部数据，更不要说是所有数据，包括谷歌在内都可能无法做到
认为软件是万能的	大数据在某种意义上只能作为一个工具，不能代替人类自己的分析，大数据分析的效果取决于被分析的数据和使用工具的分析技能

图 5-13 大数据的七大误区

5.3.3 风险管理，应对措施

对付恶意数据监视软件是一场不会结束的斗争，这已经成为现代计算机环境中一道"亮丽"的风景线。那么，作为网络使用者，应该怎样降低监控风险，做

好风险管理呢？下面为大家总结了 4 点基本管理措施，如图 5-14 所示。

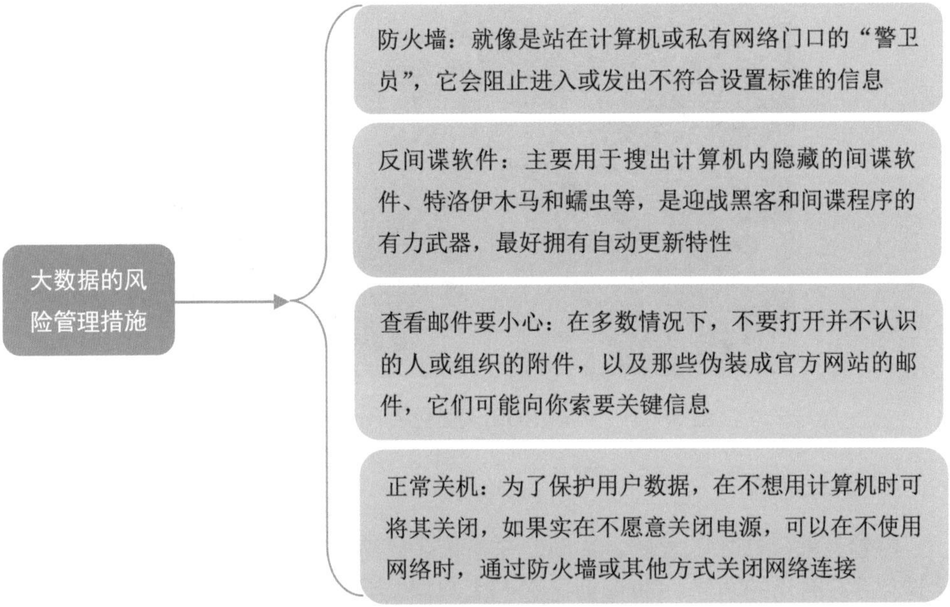

```
大数据的风        防火墙：就像是站在计算机或私有网络门口的"警卫
险管理措施        员"，它会阻止进入或发出不符合设置标准的信息

                反间谍软件：主要用于搜出计算机内隐藏的间谍软
                件、特洛伊木马和蠕虫等，是迎战黑客和间谍程序的
                有力武器，最好拥有自动更新特性

                查看邮件要小心：在多数情况下，不要打开并不认识
                的人或组织的附件，以及那些伪装成官方网站的邮
                件，它们可能向你索要关键信息

                正常关机：为了保护用户数据，在不想用计算机时可
                将其关闭，如果实在不愿意关闭电源，可以在不使用
                网络时，通过防火墙或其他方式关闭网络连接
```

图 5-14　大数据的风险管理措施

5.4　应用案例，投资机会

物联网时代的今天，在技术和需求的双重推动下，会有越来越多的政府机构、公司企业和个人意识到数据是巨大的经济资产，并将云计算和大数据投入到生产及产品中去，它们会为企业带来全新的创业方向、商业模式和投资机会。下面看一下云计算和大数据在建设智能化社会中的实际行动。

5.4.1　智能零售，行业竞争

无人便利店 Amazon Go 使用了大量的深度学习、图像处理以及传感器融合等技术，完全改变了传统零售的收银结账模式，其显著特点是离店支付无须任何操作，实现了真正意义上的"即拿即走"，如图 5-15 所示。

目前，数据量的大幅度增加对人们注重精确性的习惯提出了挑战，大数据需要技术和思维上的变革才能得到充分利用，才能做到从海量到精准。这一轮的变革，事关绝大多数企业的命运。总之，智慧零售的诞生是时代的趋势，其主要包括技术、消费和行业 3 个方面的原因。

图 5-15　亚马逊的无人便利店 Amazon Go

1．技术方面

随着互联网技术的发展，逐渐产生了很多经济和社会价值，同时推动了经济全球化3.0时代的发展。同时，亚马逊的大数据、云计算、区块链、AWS成本管理、物联网以及互联网金融等技术，实现了"云、网、端"的深度结合，带来了智能化和自助化的无人系统。图 5-16 所示为亚马逊技术的应用领域。

图 5-16　亚马逊技术的应用领域

在百花齐放的智慧零售时代，似乎所有的商业形式都可以跟智慧零售挂钩。对于相关行业的从业者来说，需要以消费者为中心，凭借各种先进技术和经营理念，用数字化手段整合和优化智慧零售供应链，并结合系统性的数据分析方法，来实现价值链的优化和协同。

例如，无人自助收银就是通过自助扫码结算来降低人力成本，用户通过扫描产品条形码即可实现自助购物和自助支付。

2．消费升级

随着消费者的数字化程度越来越高，他们的生活方式、人群主体、消费观念和消费习惯发生了翻天覆地的变化，具有强烈的品质消费趋势和体验化消费趋势，从而产生了新一代的价值主张，如图 5-17 所示。

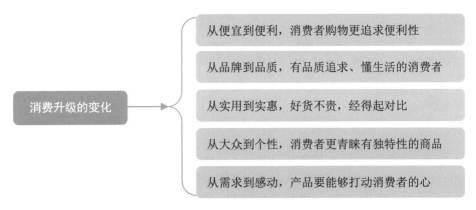

图 5-17　消费升级的变化

3．行业竞争

随着全球实体行业的发展放缓，行业亟须寻找新的经济增长动力，而且国内的传统行业竞争非常激烈，商业形态涌现出多元化的发展趋势，大企业都在深化新的商业战略，抢占制高点，确保在竞争中占据先机。

在智慧零售时代，消费者和智能终端的关系更加紧密，而数字化的人工智能技术则成为重构智慧零售的核心技术，可以给消费者带来更好的消费体验，让他们可以随时、随地、随心进行消费以及享受各种服务。

5.4.2　腾讯问卷，调查升级

大数据正在从单纯的技术走入人们日常生活的实际应用中，当各家企业需要透过大数据进行应用但苦于没有平台的时候，腾讯的问卷调查给它们打开了方便之门，如图 5-18 所示。通过这些问卷调查，可以帮助企业或用户更好地对受众属性进行分析，再结合数据平台，能够有效对这些数据整合分析，更好地了解人群的网络特点，从而制定出更多创意营销策略。

图 5-18　腾讯问卷调查

5.5　本章小结

本章首先对大数据的基本知识进行了初步梳理，主要介绍了大数据的定义、特征、构成、模式和技术等；然后详细介绍了大数据的发展体系以及风险管控；最后给出了两个大数据的应用案例。

5.6　本章习题

5-1　大数据的"大"体现在哪些方面？

5-2　在物联网时代，大数据的采集以及分析面临着哪些挑战？

第 6 章
筛选大数据，营销和定位

学前
提示

客户的行为是实现精准营销的重要依据，试想一下你
连客户需要什么或想要买什么都不知道，怎么进行精准
营销？所以，从数据收集整理开始，要学会用手中的数
据洞察客户行为，才能为客户定位打下基础。

6.1 客户筛选，寻找数据

在商业营销中，谁掌握了大数据技术谁就能够胜人一筹，但是这些激动人心的"口号"喊了无数遍，真正能够做到合理利用大数据并为自身创造商业价值的却寥寥无几，不是自己需要的数据太少，而是我们不知道如何从那些并不起眼的数据中找到自己想要的东西。

6.1.1 数据来源，分类筛选

生活中无时无刻不在产生数据，我们日常生活处理的数据量越来越多，而且这些信息量正在呈直线上升，数据类型也越来越复杂。数据从形式上可以简单地分为结构数据和非结构数据两种，如图6-1所示。

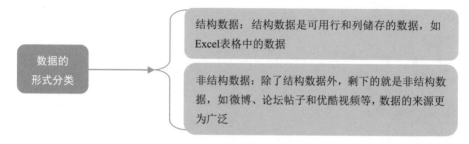

图6-1 数据的形式分类

商业活动中，因为我们要定位不同的客户，所以我们获取信息的渠道也不同。在大数据时代，很多时候不是我们去发掘数据，而是数据向我们扑过来，而大数据主要有三大来源，如图6-2所示。

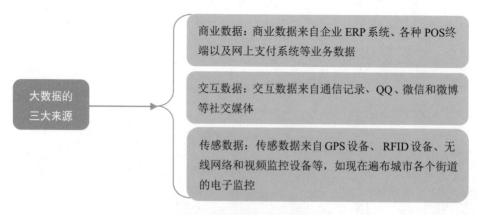

图6-2 大数据的三大来源

随着社会的快速发展，数据量将呈现快速增长的趋势。据统计，全球每个月有 2.5EB 的数据出现，在这么庞大的数据之下，商业世界不再是谁有效率就是谁的天下，而是谁有数据、谁会收集和利用数据，并通过数据悄无声息地了解客户，谁将拥有这个天下。

在大数据的收集中，要走出一个误区，就是数据不是信息，而是有待理解的"原材料"。当你理解了这些"原材料"，你的信息量就会逐渐增大，由"原材料"转换的信息带给你的商业价值才会增加。数据挖掘的方法有许多种，如分类挖掘、聚类分析、回归分析和关联规则等，如图 6-3 所示。

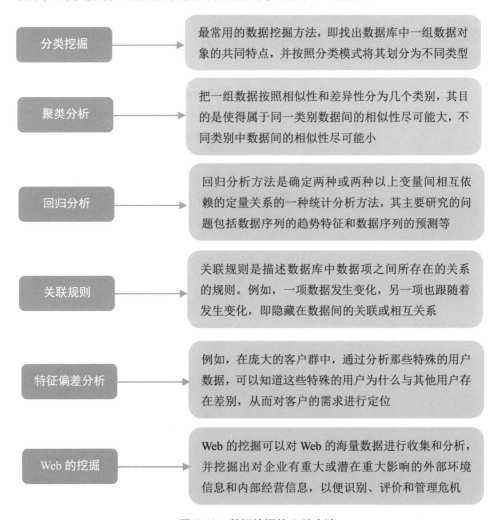

分类挖掘　——　最常用的数据挖掘方法，即找出数据库中一组数据对象的共同特点，并按照分类模式将其划分为不同类型

聚类分析　——　把一组数据按照相似性和差异性分为几个类别，其目的是使得属于同一类别数据间的相似性尽可能大，不同类别中数据间的相似性尽可能小

回归分析　——　回归分析方法是确定两种或两种以上变量间相互依赖的定量关系的一种统计分析方法，其主要研究的问题包括数据序列的趋势特征和数据序列的预测等

关联规则　——　关联规则是描述数据库中数据项之间所存在的关系的规则。例如，一项数据发生变化，另一项也跟随着发生变化，即隐藏在数据间的关联或相互关系

特征偏差分析　——　例如，在庞大的客户群中，通过分析那些特殊的用户数据，可以知道这些特殊的用户为什么与其他用户存在差别，从而对客户的需求进行定位

Web 的挖掘　——　Web 的挖掘可以对 Web 的海量数据进行收集和分析，并挖掘出对企业有重大或潜在重大影响的外部环境信息和内部经营信息，以便识别、评价和管理危机

图 6-3　数据挖掘的 6 种方法

许多人觉得获得了数据信息，挖掘了数据的价值所在，就可以使用数据了，这种想法其实是大错特错的，还有很重要的一步，那就是数据的分析。

例如，某一客户的女朋友经常会拿着他的信用卡到商场消费，当然他女朋友所买的大部分物件都是女孩子所需的生活用品。不久后，该客户的手机上突然发来一条消息，显示××商场正在打折促销，××品牌的卫生巾9折，信用卡支付可享受8折优惠。

这种案例多少有些让人哭笑不得。如果商家将数据进行仔细分析，如通过客户的信用卡信息判断一下客户的性别，或者直接看一下客户资料，就可以避免这种情况发生。

所以，数据分析就是拨开最后一层迷雾，找到数据的本质，它是将数据利用到最大化和将客户定位准确化的重要手段。数据分析主要运用于4个基本方面，如图6-4所示。

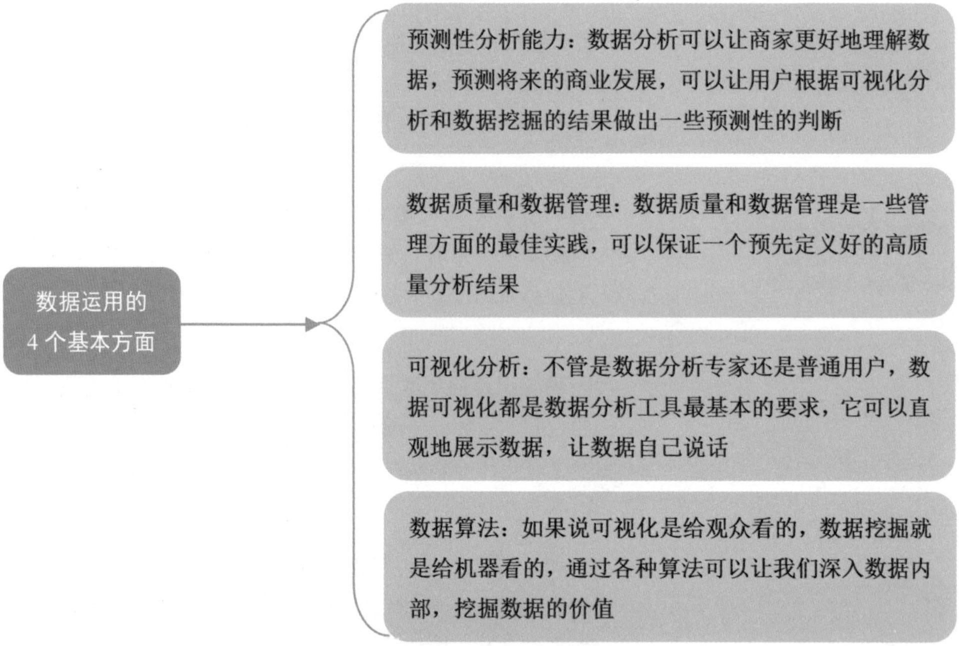

数据运用的4个基本方面

> 预测性分析能力：数据分析可以让商家更好地理解数据，预测将来的商业发展，可以让用户根据可视化分析和数据挖掘的结果做出一些预测性的判断

> 数据质量和数据管理：数据质量和数据管理是一些管理方面的最佳实践，可以保证一个预先定义好的高质量分析结果

> 可视化分析：不管是数据分析专家还是普通用户，数据可视化都是数据分析工具最基本的要求，它可以直观地展示数据，让数据自己说话

> 数据算法：如果说可视化是给观众看的，数据挖掘就是给机器看的，通过各种算法可以让我们深入数据内部，挖掘数据的价值

图6-4　数据运用的4个基本方面

 专家提醒

大数据是一个重要的技术革新，它还有许多的问题等着我们去探索和挑战。但是，我们也要把精力重点放在大数据能给我们带来的好处上，因为企业的生存利益永远比挑战更重要。

数据分析是发展应用中的关键步骤，数据的应用是让数据变废为宝并产生价值的重要一步。目前，大数据技术通过数据分析已经应用到许多方面，我们可以站在商家对客户定位的角度进行分析，主要有 6 个方面，如图 6-5 所示。

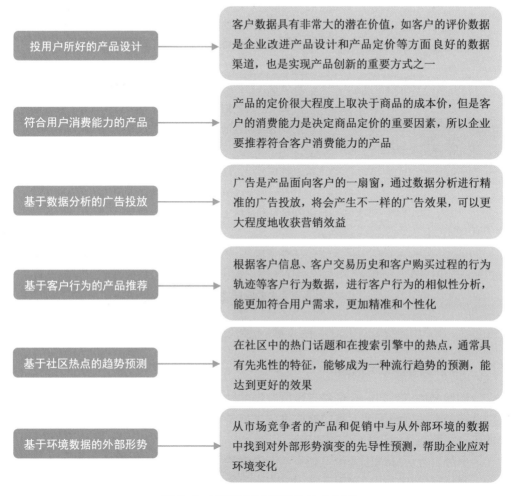

投用户所好的产品设计	客户数据具有非常大的潜在价值，如客户的评价数据是企业改进产品设计和产品定价等方面良好的数据渠道，也是实现产品创新的重要方式之一
符合用户消费能力的产品	产品的定价很大程度上取决于商品的成本价，但是客户的消费能力是决定商品定价的重要因素，所以企业要推荐符合客户消费能力的产品
基于数据分析的广告投放	广告是产品面向客户的一扇窗，通过数据分析进行精准的广告投放，将会产生不一样的广告效果，可以更大程度地收获营销效益
基于客户行为的产品推荐	根据客户信息、客户交易历史和客户购买过程的行为轨迹等客户行为数据，进行客户行为的相似性分析，能更加符合用户需求，更加精准和个性化
基于社区热点的趋势预测	在社区中的热门话题和在搜索引擎中的热点，通常具有先兆性的特征，能够成为一种流行趋势的预测，能达到更好的效果
基于环境数据的外部形势	从市场竞争者的产品和促销中与从外部环境的数据中找到对外部形势演变的先导性预测，帮助企业应对环境变化

图 6-5　商家对客户定位的 6 个方面

6.1.2　客户行为，统计分析

大数据的客户行为分析是企业和商家在拥有基本数据的情况下，对有关数据进行统计和分析，从而发现目前的营销活动中可能存在的问题，并为问题的进一步修正或重新制定策略提供决策依据。

1. 客户类别分析

想要分析客户的行为，对客户进行定位，就要对客户进行大致的分类。从营销的角度来看，可以将客户分为 4 类，如图 6-6 所示。

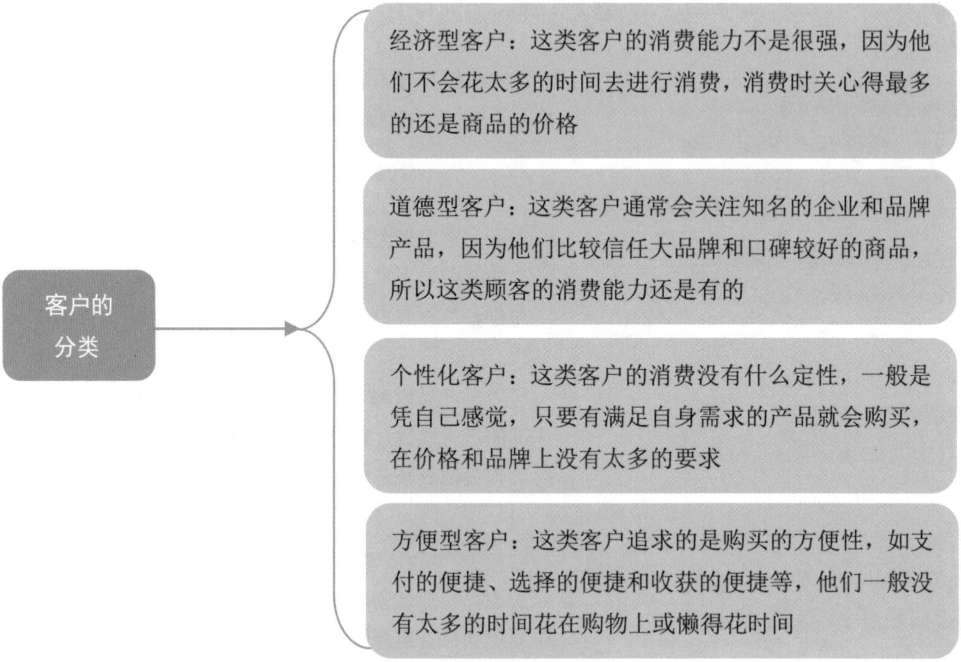

<table>
<tr><td rowspan="4">客户的分类</td><td>经济型客户：这类客户的消费能力不是很强，因为他们不会花太多的时间去进行消费，消费时关心得最多的还是商品的价格</td></tr>
<tr><td>道德型客户：这类客户通常会关注知名的企业和品牌产品，因为他们比较信任大品牌和口碑较好的商品，所以这类顾客的消费能力还是有的</td></tr>
<tr><td>个性化客户：这类客户的消费没有什么定性，一般是凭自己感觉，只要有满足自身需求的产品就会购买，在价格和品牌上没有太多的要求</td></tr>
<tr><td>方便型客户：这类客户追求的是购买的方便性，如支付的便捷、选择的便捷和收获的便捷等，他们一般没有太多的时间花在购物上或懒得花时间</td></tr>
</table>

图 6-6　客户的分类

2．影响客户行为的因素

消费者的行为是一个变量，这样获得的数据不是永远恒定的。所以，摸清客户消费行为的影响因素，是对客户进行长期定位的必需手段。影响客户消费行为的因素主要有 3 种，如图 6-7 所示。

另外，社会环境因素也可能影响消费者的行为，主要包括经济因素、法律政治、科技环境和文化环境因素等对客户产生的影响。

 专家提醒

　　掌握了生理因素、心理因素、自然环境因素和社会环境因素等诸多因素对客户行为的影响，也就掌握了对客户进行长期定位的技术，为以后的精准推荐和精准营销打下了基础。

3．重点数据分析

客户行为的分析重点就在于从庞大的数据中找出重点数据，因为重点数据才

能体现出数据的价值。那么，我们需要的重点数据究竟都有哪些呢？具体为大家
总结了 4 点，如图 6-8 所示。

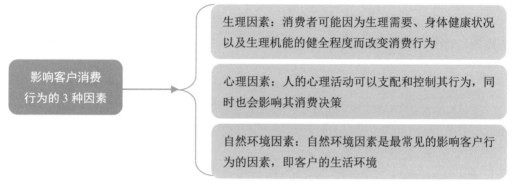

图 6-7　影响客户消费行为的 3 种因素

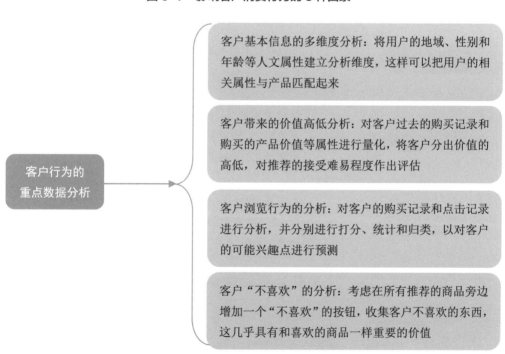

图 6-8　客户行为的重点数据分析

6.1.3　特征分析，影响因素

如果说客户的行为分析是对客户横向分析的话，那么客户的特征分析就是纵
向分析。因此，对客户行为特征信息需要进行统一分析和管理，但是这些信息往

往难以直接采集和获得。

1. 目标消费群体分析

目标消费群体的定位可以细分为很多个维度，如性别、年龄、职业、风格和场景，如图6-9所示。

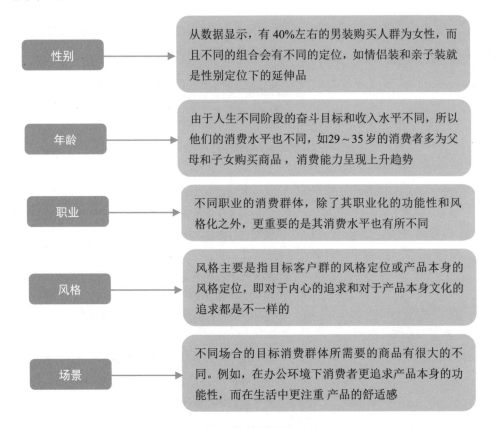

性别	从数据显示，有40%左右的男装购买人群为女性，而且不同的组合会有不同的定位，如情侣装和亲子装就是性别定位下的延伸品
年龄	由于人生不同阶段的奋斗目标和收入水平不同，所以他们的消费水平也不同，如29~35岁的消费者多为父母和子女购买商品，消费能力呈现上升趋势
职业	不同职业的消费群体，除了其职业化的功能性和风格化之外，更重要的是其消费水平也有所不同
风格	风格主要是指目标客户群的风格定位或产品本身的风格定位，即对于内心的追求和对于产品本身文化的追求都是不一样的
场景	不同场合的目标消费群体所需要的商品有很大的不同。例如，在办公环境下消费者更追求产品本身的功能性，而在生活中更注重产品的舒适感

图6-9 目标消费群体分析

专家提醒

目标消费群体是企业产品的主要消费人群。例如，公司生产的是导航仪，那么该产品的目标消费群体就是有车一族；如果公司生产的是英语学习机，那么该产品的目标消费群体就是中小学生以及他们的家长。所以，目标消费群体可以说是客户定位的另一种方式。

2．客户行为习惯

客户的行为习惯是客户定位的产物，同时也是客户定位的依据之一。简单来说，就是客户定位可以推出这一类型客户的行为习惯，而客户的行为习惯也可以促成企业的定位，二者相辅相成，齐头并进。

例如，宝洁公司通过调查得知，有不少青年女性睡觉时爱动来动去，但是她们生理期时在床上不敢随便乱动。

于是，宝洁公司就认准了这个共性的习惯，生产的护舒宝卫生巾在有效预防侧漏的功能前提下，加上了夜用功能，并且取得了较好的绩效。

总的来说，宝洁公司就是通过对青年女性的客户定位，了解她们的睡眠状况及习惯，而通过对一些客户的睡眠状况进行分析，也可以总结和定位产品的客户群，从而进行更好的营销。

3．客户心理分析

客户心理分析旨在分析客户消费的心理活动。例如，客户买这件商品一般是买多少，客户希望的赠品是什么，买这件商品的同时一般还会购买哪些商品，对这些心理活动进行分析可以有效提高销售率。

专家提醒

> 全球零售业巨头沃尔玛就根据商场里的顾客消费记录发现，啤酒与尿不湿经常会同时被购买。经过细致的分析发现，买完尿不湿后再买啤酒的都是男性。因为妻子在家带孩子没时间，而上了一天班的男性在外出购物的同时通常希望喝上两瓶啤酒来犒劳自己。于是，商场决定将啤酒和尿不湿摆放在一起，没想到这个举措居然使尿不湿和啤酒的销量都大幅度增加了。

客户的消费行为其实就是在产生心理活动之后形成的，那么谁提前发现了客户的心理，谁就抢占了先机。

4．客户需求分析

客户的需求就是市场，有需求的客户就是精准营销的对象。例如，刚买了车的人，他一定需要车险；刚买了手机的人，大多需要为自己办一张电话卡。

所以，通常情况下企业只有分析客户需要什么才能有针对性地对客户进行推销，打造个性化服务，就像商家永远不会向光头推荐洗发水一样。

专家提醒

　　客户的特征也不是永远不变的，不同的性别、年龄和身份的客户，其消费行为和购买心态也有很大的不同，基于数据分析得出不同客户的消费心理可以说是客户定位的升华。

　　企业要想在激烈的竞争中增强自身实力，就要将客户需求精确到个体，然后依据个体需求来提供定制化服务。而企业想要知道客户需要什么，就要像医生给病人看病一样，学会"望、闻、问、切"，通过对数据的深入挖掘来了解客户到底需要什么，如图6-10所示。

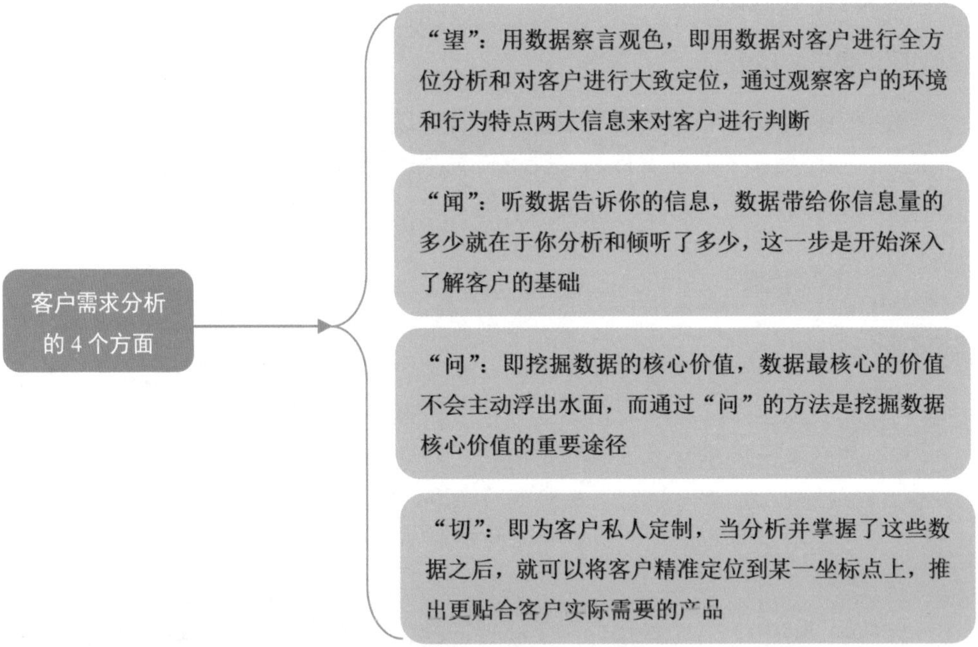

客户需求分析的4个方面

"望"：用数据察言观色，即用数据对客户进行全方位分析和对客户进行大致定位，通过观察客户的环境和行为特点两大信息来对客户进行判断

"闻"：听数据告诉你的信息，数据带给你信息量的多少就在于你分析和倾听了多少，这一步是开始深入了解客户的基础

"问"：即挖掘数据的核心价值，数据最核心的价值不会主动浮出水面，而通过"问"的方法是挖掘数据核心价值的重要途径

"切"：即为客户私人定制，当分析并掌握了这些数据之后，就可以将客户精准定位到某一坐标点上，推出更贴合客户实际需要的产品

图6-10　客户需求分析的4个方面

6.2　客户营销，精准定位

　　在大数据时代，数据可以渗透到客户的每个角落，只要通过数据做好客户定位，不论推销的是什么东西，只要做好准备铺平道路，就不愁没有自己的顾客和销售渠道。

6.2.1 针对属性，制定战略

在市场经济高速发展的今天，不管做哪一行都需要有客户的支持，没有了客户企业就失去了发展的动力。随着经济的发展，各行各业之间的竞争也是日趋激烈，对客户的争夺赛也是愈演愈烈。如何寻找客户资源是当下许多从业人员不断探索而又不知其解的一个问题。

1. 客户精准定位与客户属性

在客户定位中，最怕的一句话就是"老少皆宜"。就算你的企业经过长期的发展，几乎可以做到"老少皆宜"，基本上每个人都是你的客户，但是营销的初期必须寻找一个精准的客户群进行切入，切入越精准，风险越小，成功就越可期待。

要想做到客户的精准定位，就要对客户的属性进行分类。属性分析可以从 3 个方面来考虑，如图 6-11 所示。

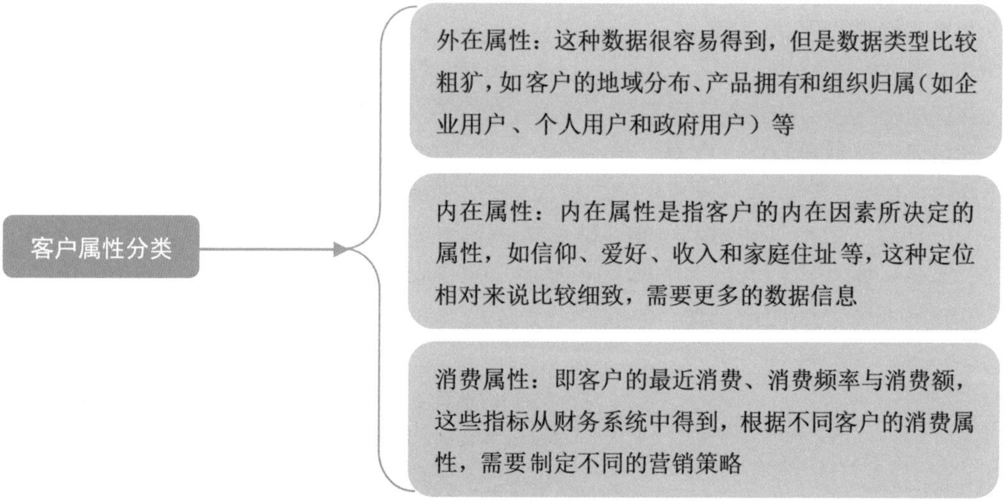

客户属性分类

> 外在属性：这种数据很容易得到，但是数据类型比较粗犷，如客户的地域分布、产品拥有和组织归属（如企业用户、个人用户和政府用户）等

> 内在属性：内在属性是指客户的内在因素所决定的属性，如信仰、爱好、收入和家庭住址等，这种定位相对来说比较细致，需要更多的数据信息

> 消费属性：即客户的最近消费、消费频率与消费额，这些指标从财务系统中得到，根据不同客户的消费属性，需要制定不同的营销策略

图 6-11 客户属性分类

2. 企业营销战略的基本要素

如果说竞争将市场推向了定位时代，那么数据分析就将市场推向了精准定位的时代。所以，在数据化和信息化的时代，精准定位是精准营销的基本要素。精准定位是让自己的产品实现最大化的营销，传统的营销是一种广撒网的营销方式，营销成功率极低。

专家提醒

在商业营销中，关键不是你对商品做了多少，因为不管你做多少，客户也看不见。客户能看到的就是你为他们做了多少。所以，精准的目标客户定位，就像给客户画"素描"，客户不会去管你用了多少心在这幅画上，他只关心最后这幅画完成后与自己像不像。

3. 客户群定位

客户群定位其实就是进行销售前的一项准备工作，其主要内容是寻找什么样的客户进行推销。下面先来看一个案例。

一位化妆品推销员所销售的产品为男性防晒霜，他将销售的地点选择在大学校园周围，价格为 200～400 元。经过两个月的推销，他发现自己的业绩与其他同事相比，相差一大截，这是为什么呢？其实这位推销员犯了一个很大的错误，就是完全选错了客户群。

首先，价格为 200～400 元，相对而言大学生没有收入来源，怎么可能会花费这么多钱去买防晒霜呢？其次，他将定位放在大学校园周围，而大学生每天的活动场所无非就是教室、食堂、图书馆和宿舍，防晒霜一般用不着。最后，定位的客户群是男生，别说是在大学校园，就是社会上的男性又有多少会涂防晒霜呢？

所以，这位推销员的销售业绩与其他同事相差很多也是情理之中的。由此可以总结出客户群定位要考虑的 3 个因素，即对客户的消费能力分析、销售地点的选择和对客户的理性选择，如图 6-12 所示。

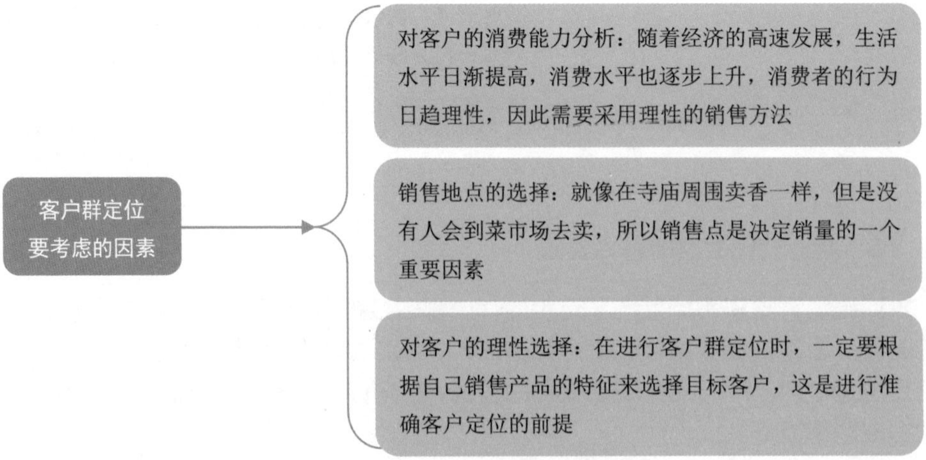

```
客户群定位          对客户的消费能力分析：随着经济的高速发展，生活
要考虑的因素         水平日渐提高，消费水平也逐步上升，消费者的行为
                  日趋理性，因此需要采用理性的销售方法

                  销售地点的选择：就像在寺庙周围卖香一样，但是没
                  有人会到菜市场去卖，所以销售点是决定销量的一个
                  重要因素

                  对客户的理性选择：在进行客户群定位时，一定要根
                  据自己销售产品的特征来选择目标客户，这是进行准
                  确客户定位的前提
```

图 6-12　客户群定位要考虑的因素

4．对客户精准定位的方法

在精准营销中，对客户的细分越详细，营销效果越显著。那么，想要做到最终的精准客户定位，还需做到以下两点，即对客户进行二次细分和对市场产品进行动态调整，如图 6-13 所示。

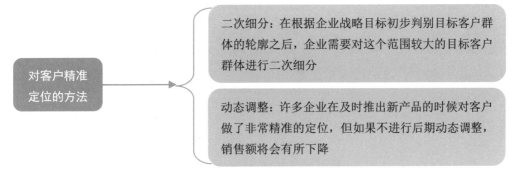

对客户精准定位的方法

二次细分：在根据企业战略目标初步判别目标客户群体的轮廓之后，企业需要对这个范围较大的目标客户群体进行二次细分

动态调整：许多企业在及时推出新产品的时候对客户做了非常精准的定位，但如果不进行后期动态调整，销售额将会有所下降

图 6-13　对客户精准定位的方法

6.2.2　品牌经营，定位策略

品牌定位的方法正确与否也是影响客户定位的重要因素，那么企业品牌客户定位的方法都有哪些呢？企业品牌的定义究竟是什么？

1．企业品牌

在大数据时代，企业品牌经营战略是非常重要的。因为数据能够帮助企业品牌持续、快速和健康地发展，从而达到促进销量的目的，所以企业都把品牌营销摆在第一位。

企业品牌主要包含两个方面，即商品品牌和服务品牌。只有具备与企业商品品牌相匹配的服务能力，才能不断提升品牌的价值含量和信誉度；否则品牌的内涵就会大打折扣。

2．品牌定位

品牌定位是对特定的产品在个性化差异或文化取向上的商业性决策，是市场定位的核心。从目前来看，品牌定位主要有三大意义，如图 6-14 所示。

3．大数据下品牌客户定位策略

产品不可能满足所有消费者的需求，只有通过对客户进行精准定位，找到符合产品消费的客户，才能实现营销效果的最大化。

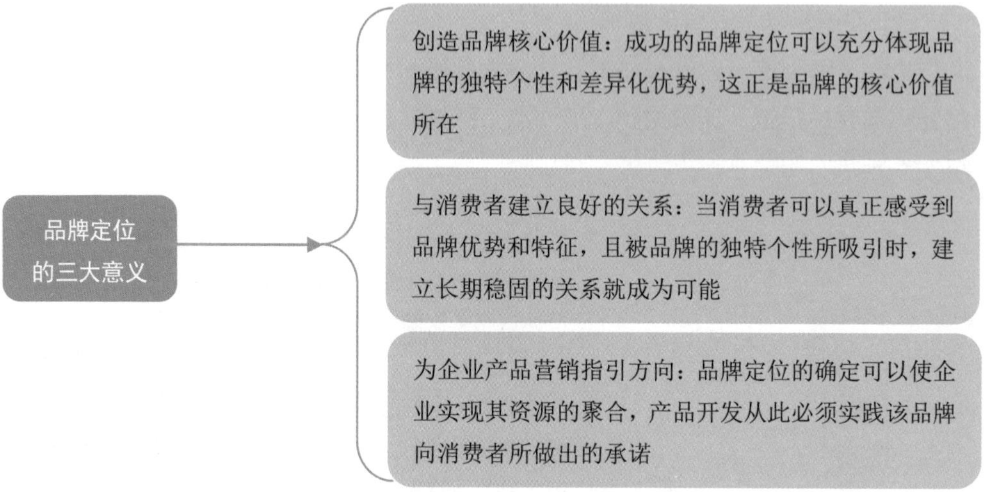

创造品牌核心价值：成功的品牌定位可以充分体现品牌的独特个性和差异化优势，这正是品牌的核心价值所在

与消费者建立良好的关系：当消费者可以真正感受到品牌优势和特征，且被品牌的独特个性所吸引时，建立长期稳固的关系就成为可能

为企业产品营销指引方向：品牌定位的确定可以使企业实现其资源的聚合，产品开发从此必须实践该品牌向消费者所做出的承诺

品牌定位的三大意义

图 6-14　品牌定位的三大意义

目前，大部公司都属于以规划竞争和概念竞争为主导战略的企业，真正以数据为支撑的品牌客户定位却是凤毛麟角。那么究竟该如何利用大数据技术来对企业的品牌客户进行精准定位呢？这里为各位读者总结了 4 个要点，如图 6-15 所示。

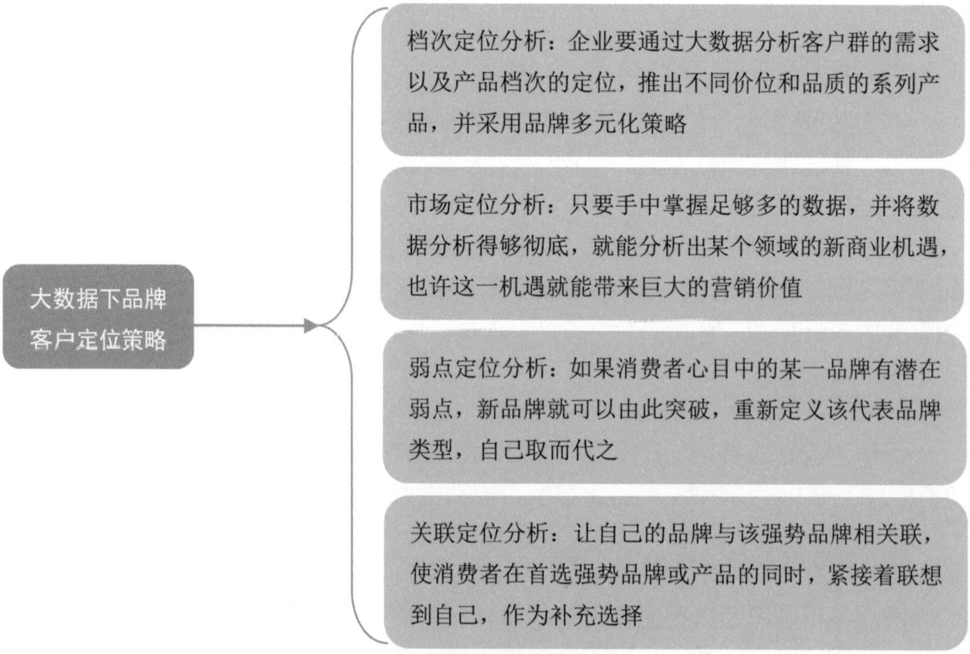

档次定位分析：企业要通过大数据分析客户群的需求以及产品档次的定位，推出不同价位和品质的系列产品，并采用品牌多元化策略

市场定位分析：只要手中掌握足够多的数据，并将数据分析得够彻底，就能分析出某个领域的新商业机遇，也许这一机遇就能带来巨大的营销价值

弱点定位分析：如果消费者心目中的某一品牌有潜在弱点，新品牌就可以由此突破，重新定义该代表品牌类型，自己取而代之

关联定位分析：让自己的品牌与该强势品牌相关联，使消费者在首选强势品牌或产品的同时，紧接着联想到自己，作为补充选择

大数据下品牌客户定位策略

图 6-15　大数据下品牌客户定位策略

下面为大家举一个案例。大数据发现美国的消费者在购买饮料时，三罐中有两罐是可乐，于是七喜站在可乐的对立面说自己是"非可乐"。这样当人们想喝饮料的时候，首先想起可乐的人肯定也会想到"非可乐"，这就是数据的关联定位分析，如图6-16所示。

图6-16　"非可乐"的七喜饮料

6.2.3　定位技巧，行业发展

客户定位最重要的就是消费者特征，而不同行业的消费者特征有很大的区别。下面介绍各个行业客户定位的技巧。

1. 餐饮行业的客户精准定位

一般来说，送餐机器人不仅可以大幅度提高送餐效率，对于那些功能强大的机器人，还能一次性运送10盘以上的菜品，而且也能保障送餐过程的安全，降低人员失误的概率，减少成本，同时也能为顾客带来全新的体验。

以前，只能在电视或电影里面才能看到的送餐机器人，如今也出现在我们身边，如图6-17所示。这些送餐机器人是根据大数据中心对路径的规划及定位，从而达到送餐的目的。

另外，不仅仅是送餐，在厨房内部也出现了机器人的身影。这种新型烹饪机器人不仅能自主控制火候，还能完成烤、蒸、煮等多道烹饪工艺。

烹饪机器人还可以凭借后台输入的数据，然后将其与烹饪大师多年来的配方与经验相融合，依次加入菜品、主料和辅料，每道程序都实行严格把控，然后利用机械装置与自动控制，模仿厨师动作翻转锅子，精准而又高效，如图6-18所示。

图 6-17　送餐机器人

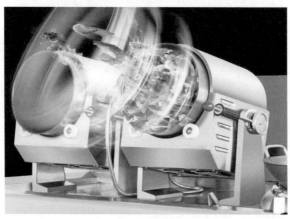

图 6-18　烹饪机器人

专家提醒

相对其他机器人来说，烹饪机器人投资力度较小，只能根据输入的数据进行操作，盈利能力较弱，但正因为如此，如果能在市场上推出一款价格优惠和使用性较强的机器人，也能大受追捧。

目前，大部分餐饮企业都是采用实体店经营的方式，在多渠道消费上的注意力则略显不足。如何在多渠道消费领域升级服务，是摆在餐饮行业每个企业家面前的难题。云计算和大数据等新兴技术的快速发展，成为推动社会发展的重要因素，对餐饮行业的影响也很深远，这些新应用正潜移默化地改变着餐饮行业的发展方式。

现阶段，一项全新的信息化应用服务——餐前的网络订餐也悄然兴起，有的企业自建了订餐平台，有的则使用第三方服务平台为消费者提供网络支付和商家结算，客户只需通过互联网，就能足不出户、轻松闲逸地实现自己订购餐饮和食品（包括饭、菜、盒饭等）的目的。

例如，客户可以使用美团 App 进行网上订餐，如图 6-19 所示。根据后台大数据的统计与分析，美团 App 还会自动推荐符合客户口味的外卖商家，并赠送常用商家的优惠券，进行促销活动。

 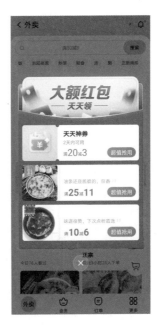

图 6-19 美团 App

另外，客户到餐厅以后，还可以实现用平板电脑或智能手机扫描桌面上的二维码进行点餐。客户在用餐过程中可以进行抽奖活动，用餐之后还可以利用网站进行点评。现阶段，消费者已经越来越倾向于多种渠道的消费模式。

随着未来云计算、物联网与大数据技术研究的深入进行，美团还可能实现大规模无人配送，对其行业发展来说，将是一场巨大的变革。

在 2020 年 10 月，美团宣布首家人工智能智慧门店 MAI Shop 正式开业，它将人工智能技术与机器人相结合，实现了无人微仓＋无人配送的运营模式。

例如，客户在任意一个首钢园区内的美团站牌下单，MAI Shop 系统就会迅速响应，通过 AGV 小车完成配货以及打包服务。据数据统计，美团无人配送车的平均配送时间为 17 分钟。美团人工智能智慧门店将大数据技术与人们的生活场景相结合，实现了餐饮行业人、货、场三者的统一。

专家提醒

> 运用大数据可以有效低管理成本，快速升级和快速部署，更为迅速地对市场和消费者需求作出反应。现在很多餐饮企业大幅度增加 IT 方面的投资，强化信息化技术管理，加速推动整个餐饮行业的 IT 信息技术建设。

现今，餐饮行业很少提及大数据这个概念，毕竟中国信息化建设只有 30 年左右的时间，具体到餐饮行业充其量不超过 10 年。因此，餐饮行业信息化的建设仍然处于"人治"的状态，随意性比较大，尚未形成信息化和规范化的管理制度，缺乏对信息化的实施和控制。

信息化决策机制不完善，风险管理缺位，数据没有利用起来，导致企业管理很大程度上要依赖于个人领导力，这也会增加信息化的风险和不确定性。此外，餐饮行业也存在找不到信息化中心的问题，这些都会影响信息化的成功实施。

对于还未进行信息化策略的中小餐饮企业来说，首要任务是使用信息技术来提高自身的管理水平，将中国的传统饮食与现代信息化管理充分结合，实现餐饮上的成本控制和运营控制，从而收获效益。

对于已经做好 IT 规划成长型的餐饮企业来说，要有一定的前瞻性，制订三五年的中长期规划，避免信息规划不统一，甚至产生信息孤岛的情况。信息规划是动态匹配的过程，是用具体的 IT 技术最大限度地解决和满足企业的业务需求的过程，所以在 IT 规划前必须先进行组织业务的规划。

2. 汽车行业的客户精准定位

随着汽车行业细分趋势明显，精准定位营销已经是大势所趋。在以市场导向、消费者为中心的营销新时代，要想获得收益，企业就必须关注客户价值。

例如，为了保障行车安全，吉利缤越 ePro 配备了 120 万像素的摄像头，能实时传输道路数据，它不仅能智能检测道路最高限速，并保持在一定范围内，避免车主因超速带来的不必要的麻烦，还能够一键式完成自动平行泊车或垂直泊车，具有自动泊车功能，如图 6-20 所示。

图 6-20　自动泊车

吉利缤越 ePro 还搭载了 L2 级自动驾驶技术，具有 ICC 智能领航系统，如图 6-21 所示，能够实现智能跟走、跟停及转向等功能。

图 6-21　ICC 智能领航系统

目前，汽车市场的营销手段已经严重同质化，但是如果企业营销针对的群体不是产品的目标群体，对企业资源来说就是极大的浪费，而吉利缤越 ePro 未雨绸缪，以精准化营销抢先打入潜在的市场。

另外，专注于 L4 级自动驾驶的高端企业——小马智行，是基于大数据的检测功能以及人工智能技术机器学习和深度学习的全面融合，还可以实施检测和判断周围的道路情况，如图 6-22 所示。

图 6-22　智能路段检测

品牌塑造是多维度的工作，在市场日益细化的今天，精准定位的营销显得尤为重要。而对于汽车品牌而言，只有凝结了精准定位、高标准产品力以及营销全面等多维度的实力，才能在车市中稳居前沿。

例如，由于技术路径的不同，各大品牌车辆在外观功能上也有所不同。宝马作为汽车行业的佼佼者，其推出的全新宝马 4 系敞篷轿车，不仅搭配了现代化自动驾驶辅助系统 Pro 和数字功能服务，在外观上也十分醒目张扬，又一次引领了时尚潮流，如图 6-23 所示。

另外，它还具有 BMW 数字钥匙功能，如图 6-24 所示。客户随身携带的智能手机瞬间化身为车钥匙，车辆能够智能响应自主解锁，还能授权给 5 位家人或者朋友共同使用。

图 6-23　BMW 4 系敞篷轿车

图 6-24　BMW 数字钥匙

专家提醒

　　其实整个汽车行业都是如此，将品牌信息更加集中、更有针对性地传递给受众，在扩大品牌宣传面的同时必然获得更多精准客户的关注和支持，这就是客户精准定位的行业技巧之一。

6.3 LBS 数据，竞争激烈

如今，国内的电子商务市场如日中天，同时电商之间的竞争也日益激烈，竞争对手空前强大，资金逐渐向优势企业集中。在这种情况下，移动电商越来越受到人们的关注，尤其是在大数据技术日渐成熟的今天，移动互联网能为精准营销带来空前的帮助。本节就为大家一一进行介绍。

6.3.1 LBS 商业模式，功能营销

现阶段的 LBS，首先是通过智能手机等设备确定客户所在的地理位置，而后提供与位置相关的各类信息服务。而 LBS 营销就是企业借助网络，在现有客户或潜在客户之间，完成精准销售的一种营销方式。

作为当下大数据网络的热门应用，LBS 的商业模式不但经常被业内人士提及和应用，同时也吸引了越来越多的品牌广告主以及代理公司的视线，初步显现出商业价值。LBS 的营销功能如图 6-25 所示。

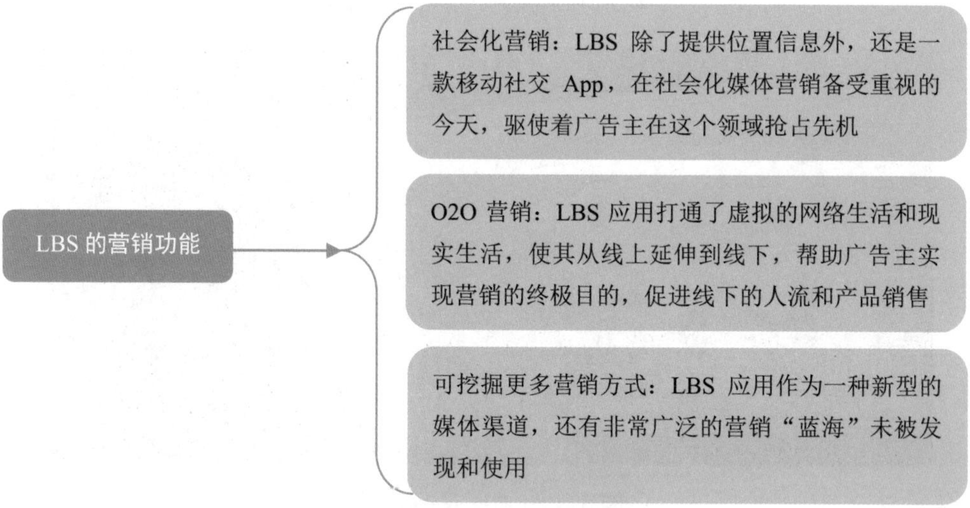

LBS 的营销功能

社会化营销：LBS 除了提供位置信息外，还是一款移动社交 App，在社会化媒体营销备受重视的今天，驱使着广告主在这个领域抢占先机

O2O 营销：LBS 应用打通了虚拟的网络生活和现实生活，使其从线上延伸到线下，帮助广告主实现营销的终极目的，促进线下的人流和产品销售

可挖掘更多营销方式：LBS 应用作为一种新型的媒体渠道，还有非常广泛的营销"蓝海"未被发现和使用

图 6-25 LBS 的营销功能

专家提醒

通过这种方式，可以让客户更加深刻地了解企业的产品和服务，最终达到宣传企业品牌的目的，同时也能够加深企业和客户对市场认知度。这一系列的网络营销活动就是 LBS 的商业模式。

图 6-26 所示为 LBS 营销的主要特点。它主要是起到协助本地商家进行线上或线下的网络推广作用。

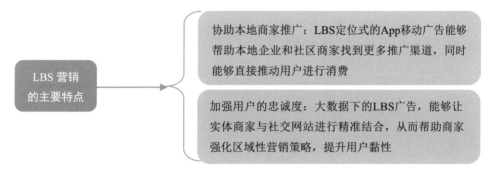

图 6-26 LBS 营销的主要特点

6.3.2 LBS 营销策略,市场预测

由于 LBS 应用的存在,客户随时可以通过手机或其他移动终端搜索周边的商品或服务,快速完成订单或付款行为。因此,企业必须掌握大数据 LBS 营销的策略,具体体现为 3 点,如图 6-27 所示。

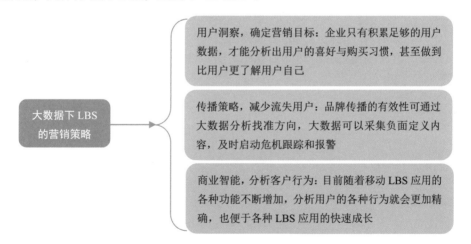

图 6-27 大数据下 LBS 的营销策略

另外,企业还需尽可能地对市场进行预测,规范地进行商业分析。基于大数据的分析与预测,可以为企业提高洞察新市场的能力,有助于企业把握经济走向。

数据不仅仅对于优化现有的业务有着巨大的价值,同时也为新业务的发掘打开了机会之门。

专家提醒

  客户使用 LBS 应用并非一次性就终结的，而是需要反复使用，这就为企业收集大量数据提供了可能。

  例如，对于地图导航的应用，搜索一个目的地，客户需要反复地查看、判断和确认；对于交友软件的应用，通过附近的人取得相互关注后，双方会有你来我往的反复沟通。对于 LBS 的应用，如果它只是一次性的应用，则没有生存的市场空间，毫无商业价值可言。

6.4　本章小结

  本章首先对目标客户的数据进行了筛选；然后介绍了对客户进行精准定位的方法和策略，帮助企业更好地打造品牌知名度；最后详细介绍了 LBS 大数据下的精准营销，分析了 LBS 的商业模式和营销策略。

6.5　本章习题

  6-1　影响客户消费行为的因素有哪些？

  6-2　客户的特征分析具体有哪些方法？

第 7 章

移动互联网，融合与发展

学前
提示

　　移动互联网是互联网的发展趋势，它的核心是移动。移动互联网满足了人们的需求，使人们的生活更加方便、快捷，而物联网则使得人与环境的互动更为具体、实时。因此，物联网为移动互联网的发展提供了巨大的帮助。

7.1　先行了解，基础概况

信息技术高速发展的今天，人们也在不断追求更加方便、快捷的生活方式，希望能够随时随地获取信息和服务。移动互联网就是在这样的大环境下应运而生的，且发展迅速。

7.1.1　具体概念，资源整合

移动互联网是指互联网的技术、平台、商业模式和应用与移动通信技术相结合的实践活动的总称。

同时，移动互联网是一个以移动通信技术为主，辅以 WiMax、WiFi 和蓝牙等无线接入技术组成的网络基础设施，以云计算等信息技术作为支撑平台的产业技术环境。移动互联网产业链与用户的共生性及其在市场环境中的相互作用关系，构成了移动互联网产业生态系统，如图 7-1 所示。

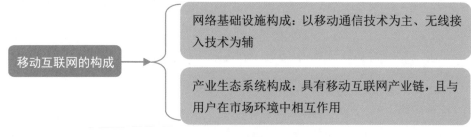

图 7-1　移动互联网的构成

移动互联网的优势发展与趋势决定了其用户数量的庞大性。移动通信与互联网正在通过整合产业资源，形成移动互联网产业链。这个产业由电信运营商、设备提供商、终端提供商、服务提供商、内容提供商和芯片提供商等产业部门组成，并且逐步向商务金融和物流等领域延伸。

专家提醒

物联网技术将使得未来的移动互联，不仅是人与人的互联，还包含了人与物、物与物、人与环境以及物与环境等各种方式的互联互动。物联网的未来将会在与移动互联网的互动中共同完成进化。

7.1.2　主要特点，快捷轻巧

中国的计算设备市场已经进入以智能手机和平板电脑为中心的时代。智能手机和平板电脑更能引起消费者的兴趣，而且人们花费在智能设备上的时间和金钱也远远大于传统的信息设备。移动互联网具有应用精准和高便携性等众多特点，具体如下。

1. 轻便快捷

现在人们花费在移动设备上的时间一般都远高于 PC 的使用时间，这个特点决定了使用移动设备上网可以带来 PC 上网无可比拟的优越性，即沟通与资讯的获取远比 PC 设备方便。而且，智能手机已经做到了可以 24 小时在线，通信即时，携带方便。

2. 应用精准

移动设备能够满足消费者简单、精准的用户体验。例如，在互联网上，用户总会收到垃圾邮件，由于互联网是自由开放的，管控相对薄弱，所以对此用户只能隐忍；而在移动互联网上，用户则可要求运营商对垃圾短信进行管理。

3. 随时定位

随时移动的智能手机，可以通过 GPS 卫星或者基站进行定位，时刻了解自身或他人动态，如图 7-2 所示。

图 7-2　手机定位功能

专家提醒

　　智能手机随时随地的定位功能，使信息可以携带位置信息。例如，不管是微博、微信还是手机拍摄的照片，都携带了位置信息，这些位置信息使传播的信息更加精准，同时也产生了众多基于位置信息的服务。

4. 私密性高

　　和计算机相比，手机具有更高的私密性。智能手机中存储的电话号码就是一种身份识别。若广泛采用实名制，可能成为某个信用体系的一部分。这意味着智能手机时代的信息传播可以更精准、更有指向性，但也具有更高的骚扰性。

5. 安全性更加复杂

　　安全性一直都是用户高度关注的热点，智能手机已是个人生活的一个组成部分，其安全性很容易构成威胁。

　　例如，它能够轻易地泄露用户的电话号码和朋友的电话号码，可能泄露短信信息及存在于手机中的图片和视频。更为复杂的是，智能手机的 GPS 形成的定位功能，可以很方便地对用户进行实时跟踪，这时就需要移动安全管理平台来维护数据安全，如图 7-3 所示。

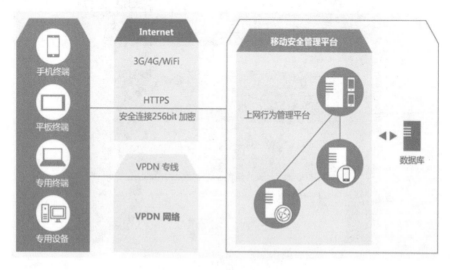

图 7-3　移动互联复杂的安全性

6. 智能感应的平台

移动互联网的基本终端是智能手机。智能手机不仅具有计算、存储和通信能力，同时还具有越来越强大的智能感应能力。这些智能感应让移动互联网不仅能联网，而且可以感知世界，形成新的业务体系。

7.1.3 合作共赢，产业闭圈

全球移动用户的大发展，给移动互联网产业链中的各个运营商都带来了极大的机遇，而移动互联网也改变了运营商之间的竞争格局，改变了运营商的发展策略，为它们带来了更多的合作机会。

7.1.1 小节中提到，移动互联网产业链是由电信运营商、设备提供商和终端提供商等产业部门组成，它们构成了完整的产业链，如图 7-4 所示，并逐步向商务金融和物流等行业领域延伸。

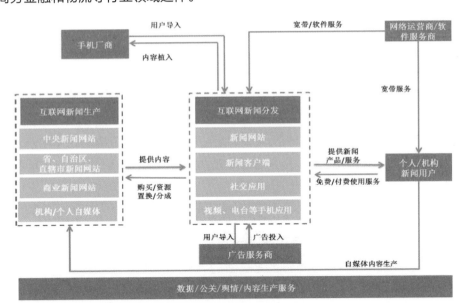

图 7-4 移动互联网产业链

1. 电信运营商

电信运营商是指提供固定电话、移动电话和互联网接入的通信服务公司。中国三大电信运营商分别是中国电信、中国移动和中国联通。中国移动通信集团公司是全球第一大移动运营商。

2. 设备提供商

国内常见的设备提供商有思科和瞻博网络等。这些设备提供商在技术研发实力和服务能力等方面都是顶尖的，每个设备供应厂商在各自领域内都有非常出色的业绩。

3. 终端提供商

移动终端设备主要包括智能手机和平板电脑，而全球智能手机和平板电脑的出货量在 2011 年的时候已经超越台式机和笔记本电脑。"平台 + 终端 + 应用"的创新合作已经成为未来的发展趋势，移动互联网终端能够带来巨大的通信市场。

4. 服务提供商

服务提供商能提供拨号上网服务、网上浏览、下载文件和收发电子邮件等服务，是网络最终用户进入 Internet 的入口和桥梁，它包括 Internet 接入服务和内容提供服务。

5. 内容提供商

内容提供商的业务范围是向用户提供互联网信息服务和增值业务，主要提供数字内容产品与娱乐，包括影视、综艺、新闻、音乐和在线游戏等。

互联网内容提供商的收益包括广告收入、下载收入、订阅收入和中介佣金收入等，但 ICP 目前受到消费者自行创造内容的 Web 3.0 的强大威胁。中国知名的 ICP 有新浪、搜狐、网易和 21CN 等。

7.1.4 市场规模，日益成熟

近几年来，移动互联网的市场规模一直都在大幅度增长，随着 4G 与 5G 的先后商用、虚拟运营商的进入和众多企业的摸索，我国移动互联网市场的商业模式已基本成型。

专家提醒

　　智能手机等终端以及电信资费价格的降低将会进一步促进移动互联网的渗透率，使得用户规模和用户使用率大幅增长，促成移动互联网市场的爆炸式增长，推动移动互联网行业大步前行。

移动互联网经过多年的快速发展，整个移动市场发生了一定的结构化变迁，商业化步伐明显加速。目前我国移动互联网市场正在日益成熟，并且形成了较为完备的产业链，应用、芯片和智能手机领域已经形成未来重要的产业机遇，并有望成为三大投资主线。

随着终端形态及传感器的进一步升级，移动应用将更加自然地融入人们的健康、学习和娱乐等各个领域，持续创新，并带动形成新一批具有影响力的移动互联网企业，如图7-5所示。

图7-5 移动互联网的应用软件

移动互联网使得智能手机领域同样充满投资机遇，除了三星和苹果等国际厂商外，国内智能手机市场还形成了以华为、小米、vivo和OPPO为主的智能手机市场格局。

在5G不断普及的大背景下，厂商之间的竞争将为产业链上下游带来巨大的投资机遇，且国内可穿戴市场发展潜力巨大，有望促成智能手机等终端产业的下一轮发展，而与之相关的移动健康等细分领域也将酝酿出巨大的投资机遇。

目前，移动互联网呈现出九大趋势，具体内容如下。

① 手机电视将成为时尚人士新宠。

② 移动广告将是移动互联网的主要盈利来源。

③ 移动社交将成客户数字化生存的平台。

④ 移动电子阅读将填补狭缝时间。

⑤ 手机游戏将成为娱乐化先锋。

⑥ 移动定位服务提供个性化信息。

⑦ 手机内容共享服务将成为客户的黏合剂。

⑧ 手机搜索将成为移动互联网发展的助推器。

⑨ 移动互联网的推广形式将趋向渠道推广、联盟推广、手机应用商店推荐、手机预安装和 App 开发。

7.1.5　发展背景，抢占先机

在 2007 年 3 月，微软推出借助空余的电视频段实现新型无线上网策略。随后三星、飞利浦、爱立信、西门子、索尼、意大利电信和法国电信等业界领袖宣布成立开放 IPTV 论坛。论坛的目的在于建立一个企业联盟，致力于制定一个通用的 IPTV 标准，以便所有的 IPTV 系统能够实现互操作。

"三网融合"的出现也是为了实现互通性、标准融合和跨网络浏览，实现用户按需选择的个性化服务。由此可见，移动互联网将会成为未来移动网发展的主流，而移动运营商的专网垄断将会被打破。

现在，手机网民的数量已经超越台式计算机网民的数量，这极大地促进了移动互联网的兴起和高速发展。移动互联网拥有广阔的前景，对互联网企业来说，可谓是一块巨大的蛋糕，谁都想抢先进入这个市场，赢得先机。

专家提醒

可以预见，未来各产业对移动互联网行业市场与用户的争夺将会越演越烈，而这些潜在的用户拥有着与以往不同的特点，也使得互联网企业的下一步战略将面临更严峻的挑战。

7.2　技术基础，专业分析

凡是智能化的事物，都离不开技术的支撑，移动互联网也是如此。移动互联网构建的是一个无论我们何时身处何地，都能快速、随时随需获取我们想要信息的世界。

现在的移动互联网并不只是单纯运用在手机上。未来的某天，或许我们身边的任何物品都能实现"移动互联"的功能，这也是物联网技术造就的"奇迹"。本节就去看一下哪些技术可以成就这些"奇迹"。

7.2.1　技术背景，移动终端

移动互联网的技术发展进程主要体现在 5 个方面，分别是移动终端设备技术的改进、传统互联网服务商的推进、HTML5 技术和云计算能力等条件的逐渐成熟以及大量 App 的应用，如图 7-6 所示。

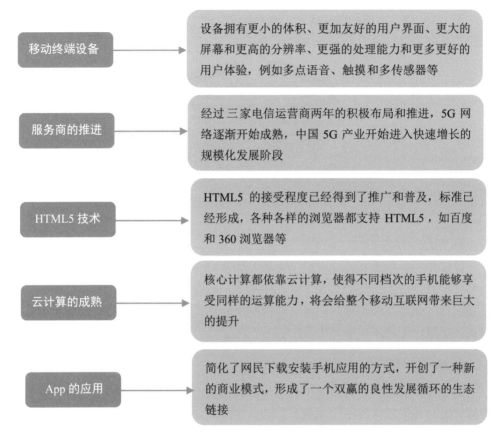

图 7-6 移动互联网技术发展进程

7.2.2 终端设备，市场需求

移动终端设备的技术一直都在进步当中，可穿戴式的设备、测量与监视工具以及设计领先的移动应用都将提供给用户不同寻常的体验。

1. 可穿戴设备

智能手机将成为个人局域网的中心，个人局域网由身体上的健康医疗传感器、显示设备，以及嵌入到服装、鞋、眼镜、智能手表、首饰中的各种传感器组成。

例如，华为云推出的 VR 眼镜，能带给用户在虚拟世界里的极致体验，如图 7-7 所示，它为用户提供庞大的数据资源，且不受时间和空间的限制。同时，在互联网和 5G 技术的支持下，云计算下放至移动端设备成为可能。

图 7-7　华为云 VR 眼镜

2. 测量与监视工具

移动网络的不确定性和云服务技术可能导致移动设备端的性能瓶颈，且移动设备的多样性使得全面的应用测试几乎成为不可能的事情，但是移动测量和监视工具具有"应用性能监视"功能，能够提供使用设备或者操作系统的统计数据，以便确定成功地利用了哪一个应用程序的性能。

3. 更多更好的用户体验

随着技术的不断发展，用户体验与之前相比也上升了一个档次。高级移动用户体验设计是采用各种新技术和新方法来实现的，如"安静的"设计、动机设计和"好玩的"设计等。例如，利用大数据、云计算和物联网技术，扫地机器人能够实现智能房间识别、扫描定位和规划清扫等功能，如图 7-8 所示。

图 7-8　扫地机器人的功能规划

7.2.3　无线通信，至关重要

无线通信技术是移动互联网中至关重要的一环，从 2G 到 5G 的发展显示了移动互联网通信技术的进步，其发展特征如下。

1. 2G 通信技术的发展

第二代手机通信技术一般只具有通话和一些如时间、日期等手机规格，手机短信在它的某些规格中能够被执行，但是无法直接传送如电子邮件和软件等信息，智能化程度较低。

2. 3G 通信技术的发展

第三代移动通信技术是指支持高速数据传输的蜂窝移动通信技术。3G 服务能够同时传送声音及数据信息，速率一般在 100Kb/s 以上。目前 3G 技术存在 3 种标准，即 CDMA2000、WCDMA 和 TD-SCDMA。

3. 4G 通信技术的发展

第四代移动通信技术是在 3G 技术上的改进。它将 WLAN 技术和 3G 通信技术进行了很好的融合，使图像传输速度更快，且图像的质量更高、更清晰。4G 通信技术使用户的上网体验更加流畅，速度能够达到 100Mb/s。

4G 能够以 100Mb/s 以上的速度下载，比目前的家用宽带 ADSL(4Mb/s) 快 20 倍，并能够满足几乎所有用户对无线服务的要求。此外，4G 可以在 DSL 和有线电视调制解调器没有覆盖的地方部署，然后再扩展到整个地区。

4G 通常被用来描述相对于 3G 的下一代通信网络。国际电信联盟 (ITU) 定义的 4G 则为符合 100Mb/s 传输数据的速度，达到这个标准的通信技术，理论上都可以称为 4G。其具有费用便宜、智能性高、通信速度快、通信灵活、通信质量高、兼容性好、提供增值服务、网络频谱宽和频率效率高等特点。

4. 5G 通信技术的发展

第五代移动通信技术是最新一代蜂窝移动通信技术，也是在 4G、3G 和 2G 通信技术上的扩展。5G 的特点是速度快、延迟低和系统容量大，能实现大规模设备的连接。

2019 年 11 月，三大运营商正式上线 5G 商用套餐，标志着 5G 正式商用。图 7-9 所示为通信技术的发展历程。

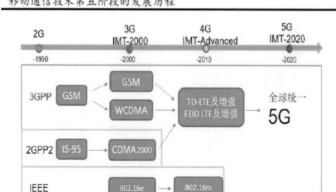

图 7-9　通信技术的发展历程

7.2.4　主要技术，灵活发展

随着无线通信技术的发展，移动终端日益普及，移动互联网应用技术也在不断地提升和发展，主要有 HTML5、WiFi6、LTE、LTE-A 和 Mobile Widget 应用技术。

1．HTML5

HTML(Hyper Text Markup Language，超级文本标记语言) 通过标记符号来标记要显示的网页中的各个部分，网页文件本身是一种文本文件，通过在文本文件中添加标记符，可以告诉浏览器如何显示其中的内容。

浏览器按顺序阅读网页文件，然后根据标记符解释和显示其标记的内容，对书写出错的标记将不指出其错误，且不停止其解释执行过程，编制者只能通过显示效果来分析出错原因和出错部位。

HTML5 则是超文本标记语言 (HTML) 的第 5 个重大修改，对于移动应用便携性意义重大，随着 HTML5 及其开发工具的成熟，移动网站和混合应用的普及将增长。尽管仍有许多挑战，但是 HTML5 对于提供跨多个平台的应用机构来说是一项重要的技术，如图 7-10 所示。

2．新的 WiFi 标准

最新一代的 WiFi 技术是 WiFi6，即第六代无线网络技术。WiFi6 可以和多个设备进行通信，速率可达 9.6Gb/s，无线局域网 (WLAN) 通信标准为 802.11ax，如图 7-11 所示。2019 年 9 月，WiFi 联盟启动 WiFi6 认证计划。

图 7-10　HTML5 是移动应用的重要技术

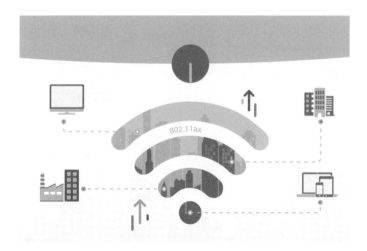

图 7-11　WiFi6

随着具有 WiFi 功能设备的出现和蜂窝工作量转移的流行，企业对于 WiFi 基础设施的需求将逐渐增长。另外，新标准和新应用所需要的性能要求各机构修改或者更换自己的 WiFi 基础设施。

3．LTE、LTE-A 和 Mobile Widget 技术

LTE(Long Term Evolution，长期演进) 是由第 3 代合作伙伴计划组织制定的通用移动通信系统技术标准的长期演进，在第 3 代合作伙伴计划多伦多 TSG RAN#26 会议上正式立项并启动。

LTE 和接替它的技术 LTE-A 是提高频谱效率的蜂窝技术，从理论上可将蜂窝网络的最大上载速度提高到 1GB/s，同时减少延迟。所有的移动用户都将从改善的带宽中受益，优越的性能和 LTE 广播等新功能将使网络运营商能够提供新的服务。

在互联网领域中，Widget 是一种采用 JavaScript、HTML、CSS 及 Ajax 等标准 Web 技术开发的小应用，具备体积小巧、界面华丽、开发快捷、体验良好和资源消耗少等优点。

Widget 是运行于 Widget 引擎之上的应用程序，它由 Web 技术来创建，用 HTML 来呈现内容，用 CSS 来定制风格，用 JavaScript 来表现逻辑。Widget 应用汲取了基于 BS 和 CS 架构应用的各自优点。

它并不完全依赖于网络，软件框架可以存在本地，而内容资源从网络获取，程序代码和 UI 设计同样可以从专门的服务器更新，保留了 BS 架构的灵活性。

7.3 安全应用，融合发展

手机客户端是连接商家和客户手机的最佳桥梁，它能够让消费者随时随地了解商家，商家也可随时随地推广自己的服务与产品。物联网与移动互联网两者之间是相互交融的。以上介绍了移动互联网的基本知识之后，本节就来看一下它们是如何结合应用的。

7.3.1 主要应用，新的体验

从移动物联网应用的角度来看，全新的电信业务已经展现在人们面前，移动物联网应用缤纷多彩，娱乐、商务和信息服务等各式应用开始渗入人们的日常生活。手机游戏、视频通话、移动搜索和移动支付等移动数据业务开始带给用户新的体验。

1. 手机游戏

手机游戏是移动互联网比较成熟的应用之一，它具有随身随时随地可以玩的特点。近年来，随着智能手机的不断发展，手机游戏市场也吸引了越来越多的用户参与。

当然，随着科技的不断发展，手机游戏开发商也在不断引入新的技术来扩大手机市场，物联网技术便是现代游戏开发商的第一选择。例如，盛况科技推出的全国首款智能电视娱乐物联网手机——小韩手机，这款手机就是融合了物联网和移动互联网技术，给广大"游戏迷""电视迷"和"宠物控"带来了精彩的手机游戏。

如今，手机可以轻松地将游戏、音乐、图片和视频点播同步分享到多种媒体设备上，如电视、计算机和投影仪等，如图 7-12 所示。

图 7-12　手机游戏同步分享

手机游戏与物联网技术的融合将是未来手机游戏发展的必然趋势。与 PC 端相比，手机的处理能力和运行能力都相对较弱，这也加快了各游戏开发商将手机游戏与物联网技术相结合的步伐。

此外，以前的蓝牙技术一般都只用于手机与其他蓝牙设备间传输数据，但是现在通过不断的研究，已经有开发商运用蓝牙技术组建网络进行游戏，可解决现有无线网络中传输不稳定且资费过高等带来的问题。

2．移动广告

移动广告是通过移动设备（手机、平板电脑和 PSP 等）访问移动应用或移动网页时显示的广告，广告形式包括文字、图片、插播广告、链接、HTML5、视频和重力感应广告等。

移动广告是在移动互联网上实现内容套现的重要方式，可为终端用户提供免费的应用和业务。移动渠道将被用于各种媒体，包括电视、广播、印刷和室外广告，如图 7-13 所示。

另外，移动广告还具有即时性、互动性、精准性、整合性和扩散性的功能特点，如图 7-14 所示。

在全球经济衰退的情况下，智能手机和无线互联网的使用仍在增加，促进了移动广告业务继续增长。

抖音短视频
已Wifi预加载
跳过广告
天猫618
官方正品在天猫
6月16日-6月20日
天猫官方榜单
8亿人跟着买的购物指南

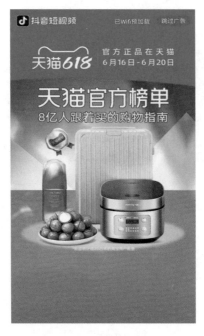

图 7-13　手机移动广告

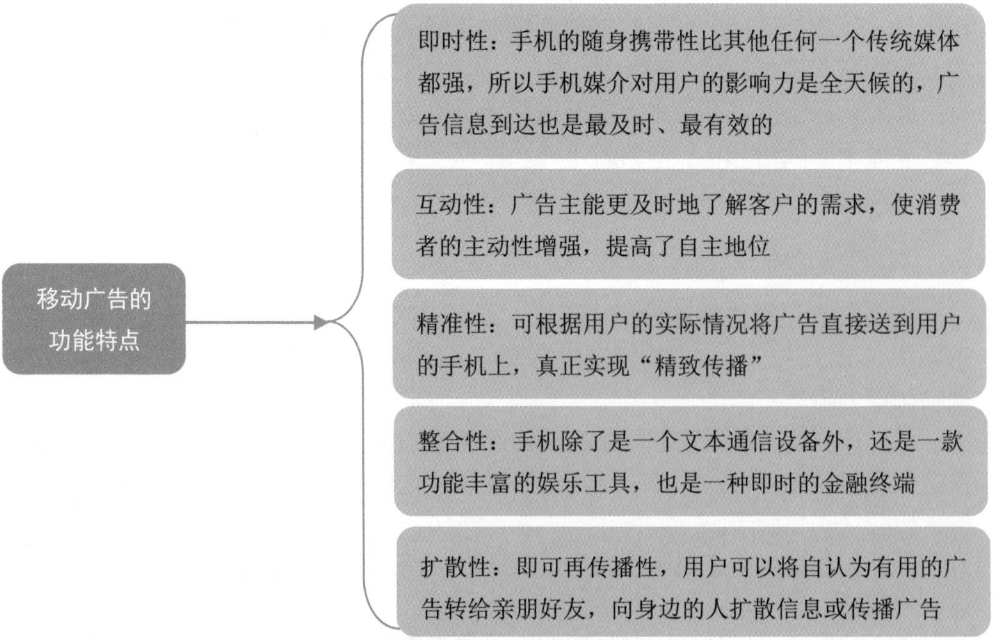

移动广告的功能特点
即时性：手机的随身携带性比其他任何一个传统媒体都强，所以手机媒介对用户的影响力是全天候的，广告信息到达也是最及时、最有效的
互动性：广告主能更及时地了解客户的需求，使消费者的主动性增强，提高了自主地位
精准性：可根据用户的实际情况将广告直接送到用户的手机上，真正实现“精致传播”
整合性：手机除了是一个文本通信设备外，还是一款功能丰富的娱乐工具，也是一种即时的金融终端
扩散性：即可再传播性，用户可以将自认为有用的广告转给亲朋好友，向身边的人扩散信息或传播广告

图 7-14　移动广告的功能特点

3．移动会议

随着现代信息处理技术的飞速发展，各企事业单位等对办公现代化的要求也越来越高，传统的会议室已从一个单纯的以听和说为主的交流场所，逐渐演变成为具有多种功能的综合性信息资源交流场所。

移动会议是基于移动互联网的会议系统，它使得会议从传统的纸质记录载体转化成以平板、计算机和智能手机为载体的数字化和移动化的多媒体，利用智能手机的便携性，把会议从固定的会议室延伸到场外的移动终端。

专家提醒

传统电话会议机等产品对特定终端设备及空间的固化要求，逐渐让开会变成了很多商务人士的困扰，移动电话会议已经成为众多企业不可或缺的沟通工具。

移动电话会议应用一经发布，就引来了下载热潮，尤其以企业高管、律师和金融界从业者居多。

7.3.2 发展趋势，创新意义

可以说，移动物联网的发展更多的还是体现在具体的应用中，而在各行各业应用领域中，只有具有创新性的理念和产品才能获得更快的发展。因而，在移动物联网的发展过程中，"创新"起着至关重要的作用，特别是先进智能化技术的创新发展和各种理念的创新应用，这些将成为移动物联网发展的关键点。

下面将从各方面分析社会创新发展应用对移动物联网的发展意义。

1．线下行业的转型变化

随着互联网技术的进一步发展，一些线下企业在不变更其业务核心模式的情形下，为了更好地实现企业发展，开始向互联网和移动物联网渗透。

对南方航空公司来说，作为国内运输航班多、航线网络密集和年客运量亚洲最大的航空公司，为了提升运营效率、降低成本和提升消费体验，开通了公司的微信公众号。

南方航空在国内推出微信值机服务，致力于为用户打造微信移动航空服务体验。用户登录微信关注南方航空的微信公众号，就能享受南方航空微信公众平台推出的各类服务，如机票预订、登机牌办理和航班动态查询等。

南方航空通过推出微信公众号，在为用户提供更好的服务体验的同时，也推进了其融入移动物联网领域的进程。可见，线下行业的互联网渗透是企业运营的创新表现，也是其推进移动物联网发展的重要举措。

2. O2O 模式的引流关键

线上与线下的双向引流作为一种新兴的营销模式，充分体现了其企业运营的创新性特征。这一模式对于移动物联网发展的影响，就表现在线上线下的互动过程中，以及互联网和移动互联网设备的接入与使用频率上。

这种线上与线下的有机结合就是 O2O 模式，这种模式使得移动物联网的接入范围和活跃程度加大。下面以京东为例，让各位读者从中感受移动物联网的行业应用和发展过程。

京东是一家著名的网上综合商城，主要以国内外手机、电器和数码产品为主，在其网站运营过程中，它还通过设立线下旗舰店来实现线上线下的双向引流，如图 7-15 所示。

图 7-15　京东线下专卖店

从 O2O 营销模式来说，京东设立线下旗舰店实现了营销全渠道服务。一方面，京东在解决消费者的信任问题上提供有力支撑，这有利于线上与线下营销发展；另一方面，用户能够利用京东 App 扫描二维码，实现线上与线下的互动。

可以说，京东的 O2O 营销模式是以移动互联网平台＋大数据＋二维码扫描构建而成的营销模式。同时，京东的 O2O 营销也是移动物联网领域营销应用的生动展现，具体内容如下。

① 通过移动物联网平台实现全渠道的线上线下服务。

② 利用企业自身大数据技术的分析和挖掘能力。

③ 线下旗舰店内品牌 App 的二维码扫描引流营销。

3．用户的数字化生活趋势

在信息社会，人类通过制造各种各样的数字化工具来承担自身的生活功能需求，特别是智能硬件的出现与创新发展。

例如，这款专为上班族打造的黑科技产品——智能颈椎按摩仪，如图 7-16 所示。利用蓝牙 5.0，达到小程序无线智能可控，同时具备语音功能，实现了数字化与生活的深度融合。

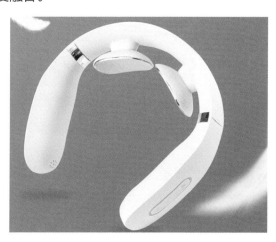

图 7-16　智能颈椎按摩仪

随着互联网与移动物联网的发展，只要加载了智能芯片，不起眼的皮带也能成为用户的私人管家，如图 7-17 所示，数字化硬件简化了人们的生活。

图 7-17　智能皮带

智能皮带不仅能与手机 App 同步，还能在用户离开手机一段距离时，剧烈震动扣头，这样用户再也不用担心忘带手机，如图 7-18 所示。

图 7-18　智能防丢

此外，智能皮带内含的智能芯片还能跟随腰部产生运动数据，实时监测步数，避免了手环跟随手臂摆动带来的误差，使测量更加精准，如图 7-19 所示。

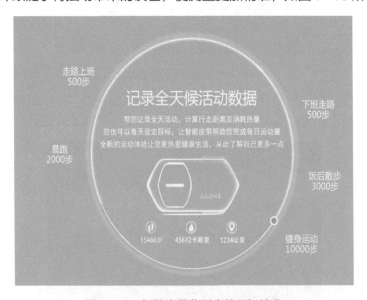

图 7-19　智能皮带监测步数更加精准

在线上消费如此普及的时代，可以通过各种各样的方式去完成支付，但总有一些银行卡和身份证需要随身携带，所以钱包的重要程度可想而知。图 7-20 所示为美国 Cashew 自带指纹识别的智能钱包。它封闭式的设计让其安全性更高，还能智能连接手机 App 上锁。

图 7-20　智能钱包指纹上锁

7.3.3　风险预知，健康持续

移动物联网的信息安全与移动互联网十分相似，主要内容涵盖 5 个方面，如图 7-21 所示。

```
移动物联网
的信息安全  →  机密性：移动物联网系统数据信息只有授权方才能查
              看数据与分析、处理环节

              完整性：移动物联网系统运行时要求与传感器设备连
              接，数据传输时若意外中断，将破坏数据完整性

              可控性：授权是对合法使用者赋予系统资源的使用权
              限，也就是说，授权就是指权限控制

              可用性：可靠与安全是移动物联网系统信息两大主要
              特征，只有这样系统与数据才能安全使用

              不可否认性：移动物联网信息的不可否认性是指确保
              指定时间内事件的可查询性，且不受权限控制影响
```

图 7-21　移动物联网的信息安全

只有保证以上这些关键点的安全，才能使移动物联网更健康可持续地发展，下面将介绍一些需要重点注意的安全问题，如感知、网络和应用等不同层次的安全。

1. 不容忽视的感知安全

移动物联网感知层作为整个系统中最为基础的一部分，主要负责外部信息的收集，它是移动物联网系统获取信息与数据的主要场所，移动物联网感知层结构主要包括射频识别感应器、射频识别标签、传感器网关、传感器节点、智能终端和接入网关。

通常，感知层数据采集都是使用无线网络连接与传输，十分容易被不法分子窃取隐私数据，并对其进行非法操控。

一般来说，移动物联网感知层安全威胁分为物理攻击、传感节点威胁、传感设备威胁以及数据篡改、伪造等。结合移动物联网感知层技术和设备分析，感知层安全需求包括 4 个方面，具体内容如下。

① 密钥协商：少部分传感网内部节点在进行数据库信息传输前需要预先输入会话密钥。

② 安全路由：基本上所有的传感网络系统内部都需要多种类型的安全路由协助系统运行。

③ 节点认证：某些传感网在进行数据传输时需要对其节点进行安全认证，降低非法节点介入的概率。

④ 信誉：个别较为特殊的传感网需要对可能被攻击者控制的节点进行评估认证，以此降低安全威胁。

由于无线传感网络是移动物联网感知层的代表性技术之一，因此无线网络信息安全同样值得关注，如图 7-22 所示。

2. 时刻关注的网络安全

移动物联网网络层主要分为接入核心网络和业务网络两部分，主要职能是将感知层收集到的数据信息安全、可靠地传输到移动物联网系统应用层中。在信息传输过程中，由于数据较多，也常常会有跨网络的信息传输，在这一过程中信息安全隐患离我们越来越近。移动物联网网络层信息安全的威胁主要有 4 点，具体内容如下。

① 拒绝服务攻击：移动物联网终端数据量极大，但其对安全威胁防御能力却十分薄弱，攻击者常利用这一弱点向网络发起拒绝服务攻击。

② 假冒基站攻击：通常，在移动通信网络中终端接入网络时需要单向认证，攻击者会通过假冒基站的方式窃取系统中的用户信息。

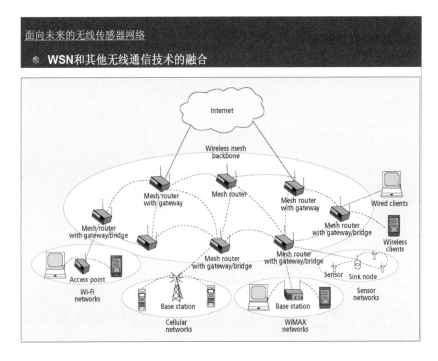

面向未来的无线传感器网络

● WSN和其他无线通信技术的融合

图 7-22　无线传感网络

③ 密钥安全：在移动物联网业务平台中，攻击者可通过窃听盗取密钥，会话过程中的防御性极低。

④ 隐私安全：攻击者在突破移动物联网业务平台后，可轻松获取受保护用户的敏感信息和数据。

移动物联网网络层结构涵盖多个网络，如移动网、移动互联网、网络基础设施和一些专业网，同时还包括海量的用户隐私信息，因此务必最大限度地保障其内部各组织安全。

DDoS 是一种分布式拒绝服务攻击，就是说，借助用户服务器实现多台计算机之间的联合，构建一个完整的攻击平台，实现对一个或多个目标发动 DDoS 攻击，以此增强攻击能力。图 7-23 所示为 DDoS 攻击方式与技术原理。

3．保持警觉的应用安全

一般来说，移动物联网应用层主要安全威胁为虚假终端触发威胁，不法分子可以通过 SMS 对系统终端发出虚假信息，以此触发错误的终端操作。移动物联网应用层面临的安全难题主要包括 5 个方面，具体内容如下。

① 如何按照访问权限对同一数据库中的数据信息进行筛选。

② 如何保护移动终端与软件的知识产权。
③ 如何完成计算机取证。
④ 如何实现对泄露信息的追踪。
⑤ 如何提高对用户隐私信息的保护。

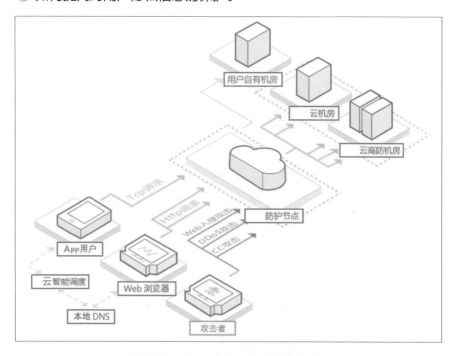

图 7-23　DDoS 攻击方式与技术原理

　　移动物联网基础信息安全保障，是移动物联网系统运行的前提和基础，只有实现安全、可靠的基础信息系统，才能更好地服务于系统整体，与此同时，也为系统内部其他组织运行提供安全保障。

7.4　本章小结

　　本章首先主要介绍了移动互联网的基本知识，包括其具体概念、主要特点、产业链、市场规模和发展背景等；然后介绍了移动互联网的技术基础；最后将移动互联网与物联网融合起来，详细介绍了移动物联网的安全应用。

7.5　本章习题

　　7-1　什么是移动互联网？
　　7-2　移动互联网的特点是什么？

第 8 章

数字化政法，创建新生态

学前提示

物联网、大数据和云计算作为数字化发展的"大脑"，它在政法行业的应用也越来越广泛，众多领先企业率先打造政企云平台，如华为云 Stack 和腾讯政务云等，给政府和公众带来了极大的便利。

8.1 科技变革，法律基础

大数据、物联网及云计算的发展为法院提供了坚固的数字化建设基础，让法院也变得越来越智能化，为法律事业的进一步发展创造了新的机遇。

另外，由于国家政策的大力推动和各级法院的积极建设，法律业务流程变得越来越数字化，以前要花费很多时间去学习的法律业务，在大数据等技术的帮助下变得越来越快捷。

8.1.1 亚迅威视，智慧法院

亚迅威视是深圳一家以警用电子科技为主导产品的高科技企业，它在智慧法院的构建中做得非常出色，为公安、检察院和法院等国家机关提供了一整套审讯及数字化法庭解决方案。

亚迅威视研发的远程听证系统如图 8-1 所示。远程听证系统通过与云端相连接，能够满足同步录音录像功能，还能让不方便到场的听证人员及时了解会议情况或实时参与听证。

图 8-1　远程听证系统

另外，传统的劳动仲裁需要经过多个程序和步骤，且时间成本高。利用云计算平台和大数据等技术，可以简化仲裁流程，形成劳动仲裁信息化系统，提供更有效的工作方式。图 8-2 所示为传统劳动仲裁流程。

劳动仲裁信息化系统可以将多元纠纷数字化，从而实现手机线上申请、线上通知和远程调解等功能，简化了审理程序，极大地节约了用户的时间，实现了法院与现代化信息技术的有机结合，提升了法院处理案件的效率。

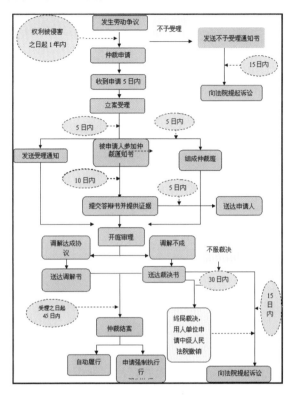

图 8-2　传统劳动仲裁流程

亚迅威视的智能法律系统非常完善，设置了针对扶贫的智慧党建平台，如图 8-3 所示，具有便捷一键查询、动态更新、档案云端记录、信息共享、精准到户和双向互通等功能。

图 8-3　智能法律系统中的智慧党建平台

亚迅威视的智能分析预警系统包括视频监控系统、人脸识别门禁系统、紧急呼叫报警系统和装备管理系统，能自主分析紧急情况并实现报警功能，不仅仅在诸多法律场景中应用广泛，还适用于政府机关、企事业单位和其他组织机构等，如图 8-4 所示。

图 8-4　应用场景

8.1.2　视尔信息，模拟真人

为了更好地为法院提供系统化的服务，合肥视尔信息科技有限公司打造了一整套的智慧法务流程系统，如多元互动调解平台和普法教育系统等，如图 8-5 所示。该系统能够模拟真人帮助来访群众了解立案、诉讼文书、司法救助和调解等基本信息。

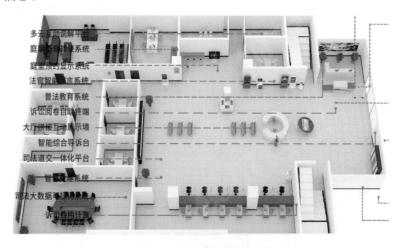

图 8-5　智慧法务流程系统

利用智能语音技术，并将其与司法行业知识库相融合，合肥视尔信息科技有限公司还研发了智能语音导诉机器人，如图 8-6 所示。它主要提供司法专业问题的解答，用户只需对着服务器说出问题，就能获得想要的信息。

图 8-6　智能语音导诉机器人

以三维可视化编辑器和 AR 技术为依托，合肥视尔信息科技有限公司还研发了智能导航系统，如图 8-7 所示。它能够以第一人称的视角，为用户提供三维法院实景导航功能，还可以为用户提供周边商圈的公共服务信息。

图 8-7　智能导航系统

基于云计算技术、图像识别技术和大数据定位系统，在手机上可以实现三维动态标签的叠加，将 VR 与智能导航功能完美结合起来，如图 8-8 所示，可以实现法院内所有路线的查看，帮助用户辨别方向。

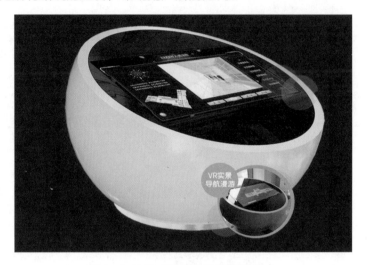

图 8-8　VR 与智能导航系统相结合

为了进一步满足用户的诉讼需求，解决诉讼文书填写的困难，企业还研发了自助打印终端、自助立案终端和人脸识别一体机，如图 8-9 所示。它具备证明材料填写向导和上下文提示功能，能引领用户快捷完成文书编写，还具备复制和打印功能，适用于各级"24 小时法院"场景，提供了无人状态下的自主诉讼服务。

自助打印终端　　　　自助立案终端　　　　人脸识别一体机

图 8-9　自主诉讼服务

另外，它还具有智能收转云柜，如图 8-10 所示。不仅登录方式多样化，还具备人脸识别和电子监控等高级防护技术，其智能云柜管理平台可以实现内部流转诉讼资料，避免受法院现场提交等带来的时间和空间的限制，也大大提高了诉讼材料转交的安全性，节约了司法资源，实现了文件柜与物联网、云计算技术的无缝对接，为人们打造了更加便捷的服务。

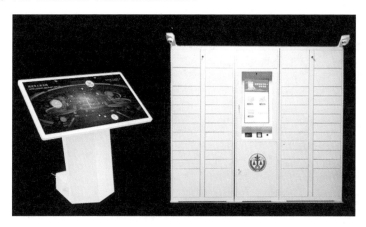

图 8-10　智能收转云柜

8.1.3　人工智能法狗狗，辅助系统

法狗狗是以物联网、云计算和大数据技术为基础，为国内律所提供一体式营销方案的智能企业。法狗狗将来自硅谷的大数据与人工智能技术相融合，可以帮助企业法务部门解决项目流程冗长跟进难及文本数据庞大不好管理等痛点难点问题。

法狗狗可以创建具有推理能力的知识图谱和支持定制的数据中心，辅助法务部门处理法律业务，实现对内对外的高效处理，如图 8-11 所示。

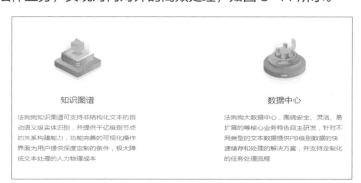

图 8-11　知识图谱与数据中心

图 8-12 所示为法狗狗包含的智能核心功能、技术支持以及企业核心法务环节，具体包括智能咨询、案件智能检索、案件智能评估和案件智能管理，能够帮助企业构建法律知识体系，并结合深度学习技术和知识图谱对基本案件进行法务分析，逐步累积企业内部法律资源库。

智能咨询	案件智能检索	案件智能评估	案件智能管理
法律知识体系构建	信息抽取	文本分类	信息检索
语义分析	文本生成	信息推荐	文本及法律推理
文本分析	数据中心	知识图谱	

图 8-12　法狗狗技术框架

另外，它还具备天问智能系统，能够接入各类智能硬件，如图 8-13 所示。它最大的优势在于能提供可定制的对话流程，通过多轮交互实现案件高效办理。

图 8-13　天问智能系统

法律的核心诉求是解决人们在生活或工作中的纠纷，维护社会公平公正。物联网、大数据和云计算技术可以帮助法院充分发挥司法咨询、决策审判和管理服务的职能作用，把数据效能发挥到最大化，提高司法公信力。

专家提醒

充分运用物联网、大数据和云计算技术建设智慧法院，为人们提供全方位和全流程的法律服务，是社会发展的迫切要求。企业和法院也要抓住现代技术带来的机遇，让法院工作人员尽快熟悉智能化的工作设备，发挥其最大价值。

根据企业的核心诉求，法狗狗还能实现对企业的数字化营销解决方案，如图 8-14 所示。凭借对大数据和资源库中整合的营销数据，法狗狗可以不断优化营销策略，实现律师和律所的无缝对接。

图 8-14 数字化营销解决方案

8.2 政企平台，高效便民

通过政务云平台建设，可以解决大量文书工作占用政府工作人员时间的问题，保障了政企持续为人民提供高效、便捷的民事服务能力。本节就为大家介绍五大政务云平台，希望能对大家有所启发。

专家提醒

目前，全球大部分的网络数据都是在近两三年之内，随着云计算以及网络的不断发展而产生的。在未来的时间里，数据基数会越来越大，数据的处理难度也会增加，它的应用也会越来越广泛。

8.2.1 华为云 Stack，政企混合

2020 年 9 月，华为人工智能大数据中心在成都高新区成功落户。据统计，总投资约 109 亿元，全产业链将支持华为自身研发体系，并满足行业对数据和算法模型的存储要求。

作为技术领先发展企业，华为的这一举动进一步表明了云平台与物联网在行业发展中的重要性。同时，华为在城市建设方面也发挥了巨大作用，如图 8-15 所示。它面向各种家居和城市设备持续输出新技术与新能力，构建了一个万物互联的时代。

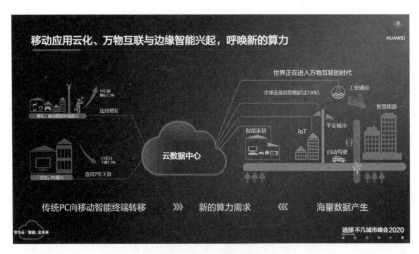

图 8-15　万物互联

华为政企混合云是基于云平台和智能数据湖，将其资源集成应用于政企市场，利用其多元算力与算法，为用户提供多样化的服务。另外，华为还自主研发了智慧政务云平台，为政府和企业提供了一套全场景的政务服务，如图 8-16 所示。

华为智慧政务解决方案分为 1 个底座、3 个平台和 4 个联接，即利用擎天架构的数据计算服务、存储服务、网络服务和安全服务，为政府工作人员提供了智

能应用平台和智能数据湖服务，为民众和企业提供了泛企业和泛互联网等全栈式服务。

图 8-16 华为智慧政务云平台

利用华为大数据决策引擎，华为政务云还具有数字政府服务功能，目的是尽可能地让便捷惠及更多的人，实现线上和线下一体化，如图 8-17 所示。利用云平台和物联网技术，华为数字政府还可以连接政府工作人员和民众，为民众提供在线政务办理辅助服务。

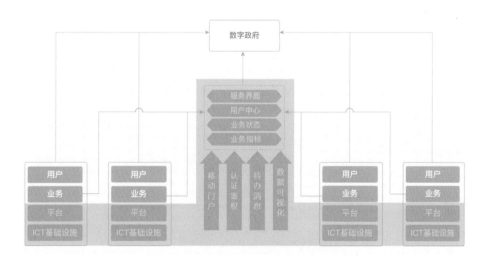

图 8-17 华为数字政府

另外，利用华为云技术的共享功能，可以对政务数据交换和共享进行试点和创新，促进区县或市级政府政务的信息资源共享，增加数据确权，促进政务系统的整合，真正实现政府部门共享交换的自组织模式，如图 8-18 所示。

图 8-18 在线政务共享平台

此外，华为通过整合行业数据，还研发了智慧城市 IOC 平台。它将大数据、云计算与政府业务相融合，对城市运行状况实行科学监测，实现了政府政务和数据决策的智能化管理，优化了业务流程，如图 8-19 所示。

图 8-19 对城市进行全面监测

华为的数字化政企服务在深圳得到了广泛的应用，如图 8-20 所示。通过华为云 Stack 平台，可以促进政府政务的数字化转型，为政府和企业提供交通云、政务云、财政云、气象云和社会视频网络云等一系列政府服务，为新型城市基础设施建设提供了新的动能，加速了城市智能化升级。

智慧气象解决方案

华为云提供智慧气象解决方案，包括高性能计算、人工智能、大数据等服务，助力气象行业智慧化升级转型，让气象预报算得快、测得准、服务好

社会视频联网解决方案

华为云社会视频联网解决方案将各类社会单位的前端摄像机接入华为云联网汇聚，实现各类视频的远程集中调阅、联网转发、智能分析，提升治安防控、维稳处突等治理效率

政务大数据解决方案

基于华为云大数据、人工智能等技术，构建"聚""通""用"的政务大数据平台，协助政府沉淀数据资产、积累数据模型，打造精准治理新模式、经济运行新机制、惠民服务新体系

政政数据交换解决方案

数据共享交换在本次疫情防控中起到了关键作用，各级政府部门大力推进政务信息共享交换的建设，以实现"网络通、数据通、业务通"，开展跨地区、跨部门、跨层级的数据共享，华为云提供了数据资源多方确权、数据标准一致的可信数据交换服务

图 8-20　华为数字化政企服务

8.2.2　智慧政务，腾讯领先

腾讯智慧政务云依托于它特有的微信、企业微信和政务微信的全方位融合，可以实现政府工作人员、企业和民众的全面连接，从而打造了一系列智慧产品，如智慧社区、智慧建筑和数字政府等，为民众政务办理提供了更多的路径和选择渠道，如图 8-21 所示。

图 8-22 所示为腾讯智慧政务云的技术架构。该技术架构运用了腾讯云计算、存储、网络和安全等基础建设以及腾讯自主研发的天玑 DaaS、数智中台等基础平台，为政府服务构建了标准的行业规范体系、数据安全体系和运营保障体系。

基于智慧政务技术架构，腾讯云研发了多样化的政府办公平台和政务系统，如政务协同平台、一网统管、智慧政法、未来城市、未来社区和数字政府等，如图 8-23 所示。

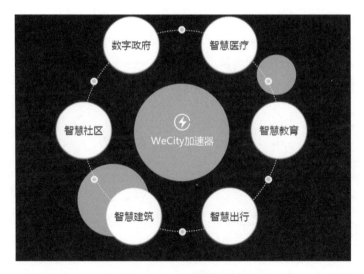

图 8-21　腾讯智慧产品

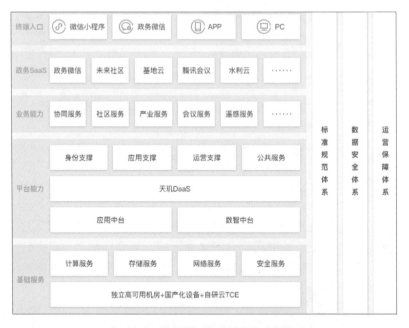

图 8-22　腾讯智慧政务云技术架构

这些系统和平台促进了政府治理的现代化转型，实现了政务的智能监控、智能预测和智能决策，为政府的社会治理提供海量的数据资源。为了实现全面的数字化转型，腾讯云的数字乡村服务为农村地区提供了互联网样板，如图 8-24 所示，搭建了一座连接城市与乡村的有温度的桥梁。

WeCity 未来城市

依托新基建数字底座和一体化融合支撑引擎，对政府服务、协同、监管、决策、治理、产业六大领域提供全方位的解决方案和产品。

查看详情 >

数字政府

打造"数字政府"工具箱，从基础资源建设到应用开发，全维度做强政务开放平台，搭建"数字政府"生态圈，辅助政府的数字化转型升级。

查看详情 >

未来社区

用腾讯云领先的的云计算存储、AI 分析、大数据、人工智能等技术连接物业、居民、政府与商家，打造一站式智慧社区健康生态。

查看详情 >

政务协同平台

基于电子政务云 SaaS 化部署建设的协同办公系统，支持多终端多系统运行，利用政务微信的连接能力，实现政府部门间的协同运作与移动办公。

查看详情 >

一网统管

通过打造"一图多景、城市体征、有呼必应、综合指挥"四大能力，构建以块为统筹，向基层赋能的跨部门、跨层级的智慧城市运行管理平台。

查看详情 >

智慧政法

以云计算、大数据、智能化为支撑，为各级政法机关提供智慧公安、社会治理、智慧检法司等大数据智能服务，开拓"互联网+政法"服务模式。

查看详情 >

图 8-23　政府办公平台和政务系统

腾讯数村的特性

人性化设计

以小程序为载体，无需下载 APP，人性化的界面设计，降低用户使用门槛，让产品体验更直观、简单、好用。

节约成本

基于小程序开发，云端部署，购买后简单配置即可使用，极大的节约了投入成本，快速构建乡村信息数字化。

响应乡村政策

以数字乡村战略发展纲要为指导思想，贯彻落实党在乡村的方针和政策，助力地方政府实现乡村振兴。

分层分级管理

全国统一 SaaS 平台，按省市县镇乡分层分级向下管理，上级可以向下进行用户账号、组织架构等权限管理。

图 8-24　腾讯云数字乡村服务

8.2.3　科大讯飞，不二选择

科大讯飞本身强大的云计算能力是打造智慧政务和政府数字化转型的不二选择。它强大的云计算能力具体体现在其讯飞开放平台具有大数据体系、人工智能体系、新一代三维体系、云原生和跨平台技术体系，如图 8-25 所示。

图 8-25 讯飞开放平台

基于讯飞开放平台，智能农技问答系统可以为用户构建知识图谱模型，建立农作物知识库，并实现语音转写功能，如图 8-26 所示，可以解决民众农业方面的各种技术问题，为民众提供了高效和便捷的农业服务，达到了利用技术改善民生的目的。

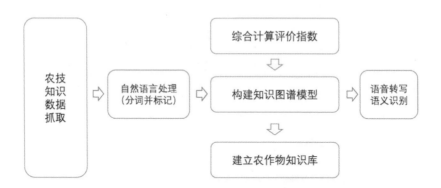

图 8-26 智能农技问答系统

为了方便社区统一化的智慧管理，实现政府对健康环保的集中化治理，讯飞开放平台还设计了智能垃圾分类解决方案，即利用微信小程序平台，用户只要扫描二维码，就可以得到垃圾分类结果，如图 8-27 所示。

另外，智能分类垃圾桶内还放置了具有自动识别物体功能的摄像头，能对投放的垃圾进行拍照并进行自动分拣。在社区，居民还可以通过人机交互问答的方式进行垃圾分类，提高了居民的体验和分类效率。

智能垃圾分类解决方案
科大讯飞针对垃圾分类前端至后端的全链路场景，使用语义理解、图像识别等人工智能技术，辅以配套硬件设施，能根据当地垃圾分类政策具体定制，提供解决方案。
立即申请

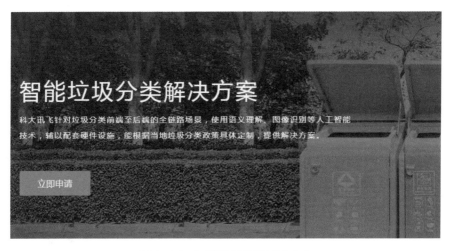

图 8-27　智能垃圾分类解决方案

此外，讯飞开放平台在司法方面也构建了云平台，如图 8-28 所示。针对诉讼参与人无法到达法院现场的问题，通过司法公有云可以将诉讼人员与法院连接起来，实现网络互联，提高了司法人员的办公效率。

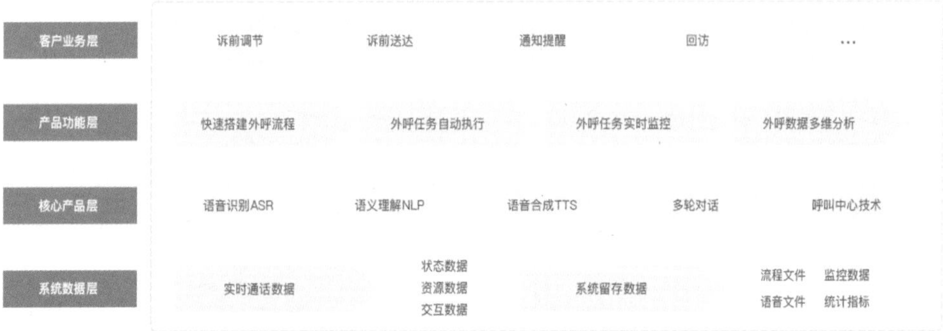

客户业务层
诉前调节
诉前送达
通知提醒
回访
…
产品功能层
快速搭建外呼流程
外呼任务自动执行
外呼任务实时监控
外呼数据多维分析
核心产品层
语音识别ASR
语义理解NLP
语音合成TTS
多轮对话
呼叫中心技术
系统数据层
实时通话数据
状态数据
资源数据
交互数据
系统留存数据
流程文件
监控数据
语音文件
统计指标

图 8-28　司法公有云

8.2.4　泛微政务，微企相连

泛微智能办公是腾讯战略投资的，能与企业微信相连的移动工作平台。基于人工智能语音交互技术和泛微 OA 场景，企业为每位成员配备了一个全天候智能语音助手——“小 e”。

“小 e”具有四大智能化功能，如业务处理智能化和知识问答智能化等，能帮助工作人员完成数据查询、审批和日程管理等日常办公工作。同时，它还支持身份识别管理、三员分立和授权机制，如图 8-29 所示，符合国家的标准规范。

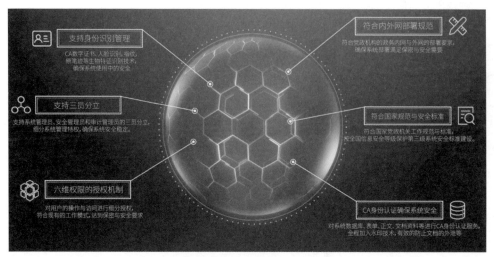

图 8-29　智能化功能图解

　　"小 e"通过人工智能及物联网技术具有感知、理解、行动和学习能力，这使它成为一个新的智能应用入口，能够帮助工作人员进行考勤定位、事项问答、找人办事、查找客户和订票订房等基本工作，提高了工作效率。

　　此外，它还具有强大的移动引擎，能够跨平台将业务集成，并形成统一的用户管理平台，帮助用户进行智能化、电子化和社交化的业务处理，如图 8-30 所示。

图 8-30　政务办公技术特性

　　泛微的智能化还体现在它能够签署智能合同。当领导出差时，合同无人审批，有可能会导致客户的流失。智能合同让领导在外地也能审批紧要合同，同时它还提供合同内容自动审查和风险查询功能，电子签章同样具有法律效应，如图 8-31 所示。

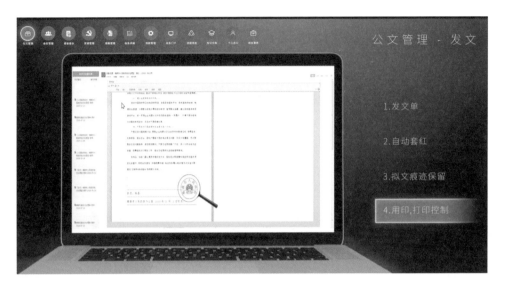

图 8-31　电子签章

　　另外，泛微政务办公还表现在它不仅能够智能收文和自动电子署名，还支持智能跟踪项目流程，具备个人办公、公文管理、信息采编和党建管理等多种功能，帮助用户实时把握项目动态，如图 8-32 所示。

图 8-32　泛微智慧政务办公

专家提醒

　　泛微政务办公的优越性主要体现在它能实现线上流程的一体化，事无巨细，都能在网络上实现，甚至是手机移动端。这样的办公模式打破了空间的壁垒，将成为未来行业发展的主流。

　　对于政府工作来说，要实行公开、透明的政务管理，如果系统内部杂乱无章，将不利于群众的监督查询。为此，泛微推出了智能督察督办平台，可以简化工作页面，自定义平台功能，利用云平台对重点项目重点处理，如图 8-33 所示。

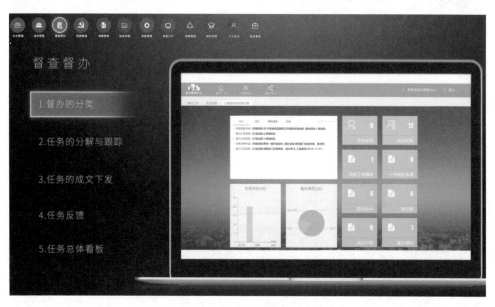

图 8-33　智能督察督办

8.2.5　钉钉政务，软硬兼施

　　基于专属的安全、存储和开放的软硬件设计，钉钉打造了数字区县解决方案，如图 8-34 所示。利用钉钉基座构建的政企联动、政府服务和政府办公，让政策、服务和产品更加高效地落实，帮助政企快速发展。

　　政府的账户管理和财务审批是无法避免的一项程序。钉钉的数字化企业办公支付功能同样也适合政府办公。它能够实现审批程序智能化，并且与支付无缝对接。另外，钉钉还能实现政务会议的线上预约，并将日程同步给所有参会人员，实现了平台的快捷办公。图 8-35 所示为钉钉的数字化流程框架。

政府办公
高效联动
移动办公

数字区县

政企联动
惠企服务
营商环境提升

政府服务
精准帮扶
信息公开

图 8-34　数字区县

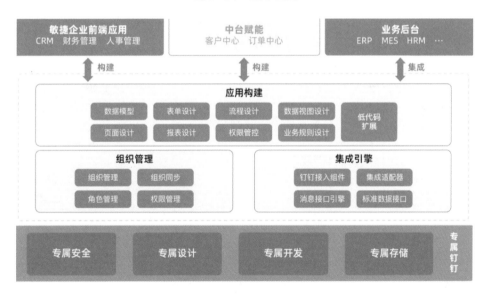

图 8-35　数字化流程框架

　　钉钉智慧园区具有统一的用户、平台、支付和管理系统，如图 8-36 所示，能够帮助政府打造统一的数字化园区管理方案。

图 8-36 智慧园区

8.3 政企行业，发展趋势

据 IDC 数据显示，我国到 2022 年止，将有 60% 的政企部门实现以数据驱动政务决策，有 25% 的制造业将运用以云计算、物联网和大数据为中心的平台，搭建新的生态系统，使得一半的机器达到生产自动化。

专家提醒

这样的预测为中国的技术行业带来了全新的挑战。由于政企行业本身具有离散化和碎片化的特点，所以云平台就像一座优秀的桥梁，将政企业务很好地融入平台内，将数据交由平台处理，从而实现更快、更好的发展。

8.3.1 时代价值，企业竞争

目前，以大型政企为主角的互联网时代序幕已经拉开，政企的数字化转型已不再是"锦上添花"，而是企业发展和竞争的必然选择。

以混合云为例，该方案要求运营商能够精通云计算、大数据、IT、通信和网络等多方面技术，构建难度较高，但是混合云一旦形成，能够满足用户的全方位需求，将带领政企步入一个全新的工作体系。

政企云一般有 3 个角色，即政府、公众和云服务提供商。换句话说，就是以政府人员为主导，面向企业和公众并为其提供服务的集合，如图 8-37 所示。

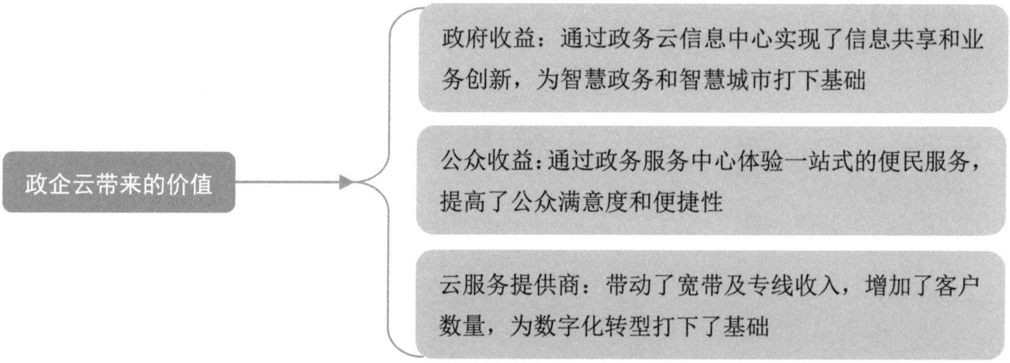

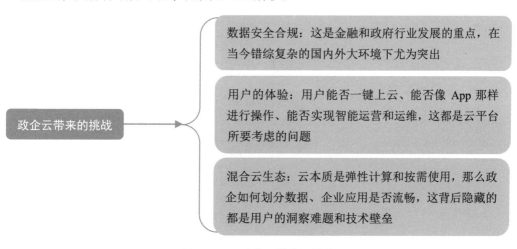

政府收益：通过政务云信息中心实现了信息共享和业务创新，为智慧政务和智慧城市打下基础

公众收益：通过政务服务中心体验一站式的便民服务，提高了公众满意度和便捷性

云服务提供商：带动了宽带及专线收入，增加了客户数量，为数字化转型打下了基础

政企云带来的价值

图 8-37 政企云带来的价值

不同于传统的互联网企业，安全、实时创新和稳定运维等已经成为政企用户的核心关注点，而这些正是云计算的优势。所以，大型政企要注重以数据为中心的云基础建设，为政企用户提供与本地部署一致的云上服务。

8.3.2 生产资料，技术挑战

在新基建的时代背景下，数据已经成为新的生产资料，云计算变成新的生产工具。虽然已经有部分政企开始重视云计算的发展，但还是有一些技术或生态上的挑战，具体体现为 3 点，如图 8-38 所示。

数据安全合规：这是金融和政府行业发展的重点，在当今错综复杂的国内外大环境下尤为突出

用户的体验：用户能否一键上云、能否像 App 那样进行操作、能否实现智能运营和运维，这都是云平台所要考虑的问题

政企云带来的挑战

混合云生态：云本质是弹性计算和按需使用，那么政企如何划分数据、企业应用是否流畅，这背后隐藏的都是用户的洞察难题和技术壁垒

图 8-38 政企云带来的挑战

8.3.3 价值核心，工作需求

相较于传统 IT 价值链来说，云服务价值链更符合政企行业的工作需求，如

图 8-39 所示。

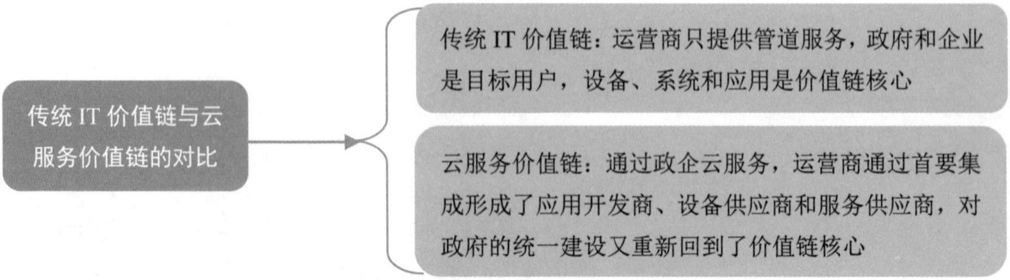

传统 IT 价值链与云服务价值链的对比

传统 IT 价值链：运营商只提供管道服务，政府和企业是目标用户，设备、系统和应用是价值链核心

云服务价值链：通过政企云服务，运营商通过首要集成形成了应用开发商、设备供应商和服务供应商，对政府的统一建设又重新回到了价值链核心

图 8-39　传统 IT 价值链与云服务价值链的对比

政企云的运营核心就是基于云计算的虚拟平台和基础架构，为用户提供端到端的云服务，从而实现云与本地数据的生态协同。

云服务时代的运维与传统 IT 相比，程序更加复杂，且智能升级更加频繁，对技术人员的在线化和专业化的能力要求更高。

8.3.4　行业优势，智能升级

对于政企行业来说，一般具备了统一管理、数据治理和应用三大云服务能力，这使得其在行业应用时更具优势，具体体现在业务管理、用户服务能力、安全和发展潜力这 3 个方面，如图 8-40 所示。

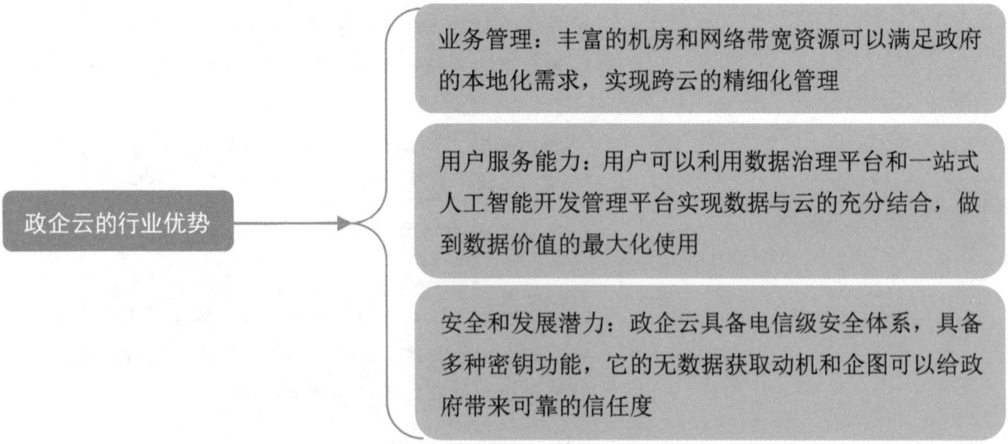

政企云的行业优势

业务管理：丰富的机房和网络带宽资源可以满足政府的本地化需求，实现跨云的精细化管理

用户服务能力：用户可以利用数据治理平台和一站式人工智能开发管理平台实现数据与云的充分结合，做到数据价值的最大化使用

安全和发展潜力：政企云具备电信级安全体系，具备多种密钥功能，它的无数据获取动机和企图可以给政府带来可靠的信任度

图 8-40　政企云的行业优势

另外，若运营商与政府有长期合作的丰富经验，能够支撑政企云的长远发展，那么在大数据、物联网以及云计算的推进下，政企云将不断更新升级，在市场上发挥出巨大的潜力。

专家提醒

如今，企业正在利用新技术进行智能化升级，企业的规模、业务模式和行业不同，信息化程度不同，对上云的需求也不尽相同。有的侧重弹性计算，如深圳机场；有的侧重边缘计算能力，如交通部路网，但是其核心、操作和管理是相同的。

8.4　本章小结

本章主要介绍了云计算在政企行业的应用及发展；然后为大家介绍了华为云Stack、腾讯智慧政务云、讯飞开放平台、泛微和钉钉在政务方面的解决方案；最后说明了政企云所带来的价值及挑战。

8.5　本章习题

8-1　视尔信息科技有限公司是如何利用物联网、大数据和云计算为法院提供系统化服务的？

8-2　新基建的时代背景给政企云带来了哪些挑战？

第 9 章

智能零售云，开拓新市场

学前提示

　　云计算的出现是智能零售发展的巨大推动力。在云平台的基础架构上，可以对零售数据进行存储和分析等诸多应用。在智能零售时代，企业和供应商要根据业务需求，寻求适合自身的市场机会。

9.1 核心基础，计算升级

众所周知，在互联网虚拟架构中，中枢神经系统是核心层面，为互联网运作提供了强有力的支持。从这一点看，云计算系统大致与互联网虚拟架构相同。

云计算的运作主要是将计算分布到各大计算机上进行，这能够帮助用户按照自身需求访问计算机，而智能零售是云计算、大数据和物联网等先进技术系统相结合的产物，是计算机发明和升级后的又一大转变。

9.1.1 四大优势，基本概念

智能零售是指通过云计算或大数据等技术，将物与网络相连，实现自动化运作的模式，即店铺内所有运营或部分运营，不存在人为干预的情况。其实很多年之前，智能零售这个概念已经出现。

例如，街上或小区随处可见的自动贩卖机，虽然过去的支付方式还不完善，人们只能通过现金或投币的方式完成付款，而且由于受体积的影响，自动贩卖机里的商品也仅限于饮料或者小零食。但是，智能零售已经开始慢慢地进入人们的生活。

而如今的智能零售，已基本实现了无人化管理运作。随后，有不少无人超市或者便利店相继落地。进入无人超市前，首先会进行用户的身份认证识别。例如，用户站在屏幕前进行人脸识别认证，或是下载店铺专业 App 实名认证。

身份认证成功后，用户就可以进入超市自助购物了，部分货架上的商品会标有"无人超市"字样。另外，有的用户可能会想偷偷带走超市的商品，这样做是非常不明智的。因为遍布超市的摄像头会跟踪每一个用户的行动轨迹，可以说他们在超市的所作所为都是透明的。对于用户或管理者来说，无人超市主要有四大优势，如图 9-1 所示。

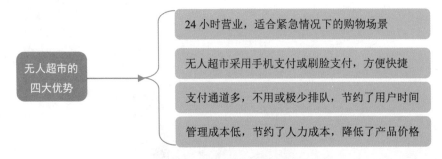

图 9-1 无人超市的四大优势

无人超市的支付方式也呈现出多样化的趋势。例如，京东无人超市在出口处会设置一个结算区，用户需要拿着商品站在结算区，结算完毕后，出口门会自动打开。一般来说，进入无人超市前用户还需签署一个免密支付条款，即最后的支付不需要得到用户确认，实现真正的即拿即走。

对于用户来说，这一整套的购物流程是非常方便的。但是，从用户进入超市前的人脸识别，到最后的自动付款，这一路都是黑科技的体现，每一个黑科技的背后都需要相关科技的支持。

这也是为什么迄今为止无人超市并不是普遍存在的原因，对于开发者来说，无人超市前期的运营成本较高。芯片感应、自动识别、海量的数据、不断变化的算法模型以及各种电子材料，都需要消耗大量的人力和物力。

无人超市其本质上考验的是企业的技术研发能力。从签订物资合同开始，到货物验收，各个环节都需要云技术的支撑。总的来说，无人超市运营包括三大系统，即无人值守系统、可视化管理系统和 O2O 系统。

1. 无人值守系统

无人值守系统可以应用于超市商品的管理，相当于一个智能仓库。图 9-2 所示为无人值守系统所运用到的六大领先技术。

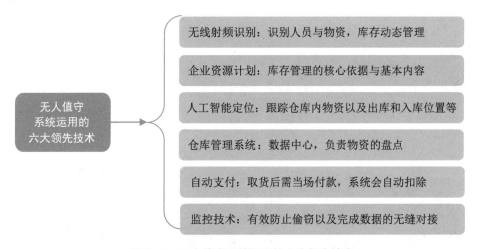

图 9-2　无人值守系统运用的六大领先技术

专家提醒

　　总的来说，无人值守系统就是以网络连接为媒介，以智能移动为终端，并利用云平台对超市仓库进行数字化的全栈式管理。这种模式极大地降低了仓库管理人员的工作强度，提高了管理效率，降低了企业管理成本，保障了物资存储的质量，实现了仓库管理的无人化。

2. 可视化管理系统

无人超市的可视化管理系统是指利用安装在超市内的智能摄像头、红外传感器和电子芯片等，监测货架中商品的状态或用户的行为。例如，用户拿取或放下商品的动作，或利用红外传感器和压力传感器确定商品的重量。

 专家提醒

通过可视化管理系统，深度挖掘和呈现背后深层次的指标及规律，并结合智能零售行业的业务需求，清晰、有效地传达与沟通信息，给用户带来了良好的视觉效果，降低了用户的理解难度，从而实现帮助行业用户驾驭数据、洞悉价值、提升决策效率和能力的目的。

可视化管理系统检测到的所有销售数据都可以上传至公司或企业内部的云平台，平台系统会自动将其制成报表或进行智能分析，为管理者决策提供数据支撑，实现了大数据、云计算和物联网的全面融合，如图9-3所示。

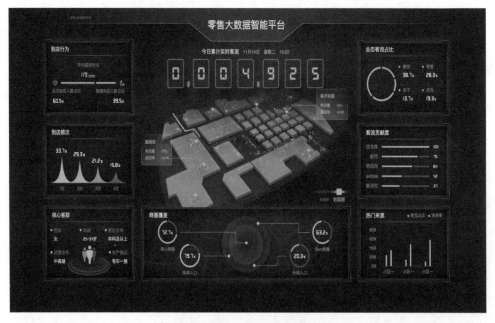

图 9-3　可视化管理系统

3．O2O 系统

7.3.2 小节曾提到，可利用 O2O 系统即线上和线下的深层融合来进行引流。此外，O2O 系统还可以把商品采购、用户下单以及物流运输融入人们的生活场景中来。

图 9-4 所示为 O2O 线上线下一站式购物流程。该流程从网络选购到最终用户拿到商品，满足了用户方便快捷的购物心理，打造用户良好的购物体验，于是就有了 O2O 无人超市。

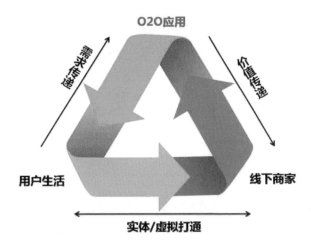

图 9-4　O2O 线上线下一站式购物

技术的成熟使得用户的使用频率和到店率越来越高，直到成为生活中不可或缺的一部分。网络平台的虚拟化技术具体可以分为 3 种，如图 9-5 所示。

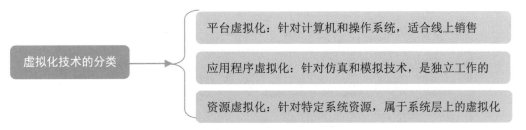

图 9-5　虚拟化技术的分类

云计算技术的这些特殊功能，进一步降低了企业的数据成本，而且还带来了更多的智能设计和创新，这些优势同时也为智能零售带来了更大的想象空间。如今，云计算更像是智能零售的基础设施，与大数据一起共同推动智能零售的发展，如图 9-6 所示。

"云"：云计算和大数据是智能零售的基本技术框架

智能零售基础设施

"网"：移动互联网和物联网是连接用户的桥梁

"端"：主要包括 PC 终端、移动终端和传感器等

图 9-6　智能零售基础设施

专家提醒

　　O2O 系统使无人超市拥有更宽的消费场景，因为它还具备强大的网上商城，如京东、淘宝和亚马逊等。这些网上商城也是云平台技术的体现，如移动终端、自动支付和边缘算法模型等。

　　例如，百世云仓提供"仓储＋配送＋系统"的一站式仓配服务，服务范围覆盖全国 170 多个重点城市和 320 多个云仓，全面提升了客户价值，降低了物流成本，提升了用户的配送体验，节约了管理精力，如图 9-7 所示。

图 9-7　百世云仓

　　百世云仓为企业提供从工厂到仓库、经销商、门店和消费者的全链路供应，优化了存储路线。百世云仓可以帮助企业降低物流成本，增加消费者的用户体验，在云计算和智能零售时代下实现物流变革。

9.1.2　三种方式，智能转型

随着人们生活水平越来越高，消费需求也发生了很大的变化，人们越来越关注产品的质量和个性化体验，对于传统零售来说，这都是非常严峻的考验。因此，显而易见的是智能零售再次回归到产品和服务上，最终产生了各式各样的消费场景，让用户的消费欲望得到满足。

在这个过程，零售企业都在积极探索"云转型"，希望利用云计算来有效整合资源渠道，并通过这种更加科学的计算方式，为消费者打造个性化的消费场景，从而提高消费量。

例如，美团推出了美团云平台，为企业提供安全、可靠的云计算和数据分析产品，并提供餐饮云、酒店云、交通云、O2O 电商和智慧教育等行业解决方案，以及混合云和网站等通用解决方案，助力企业快速实现云转型。图 9-8 所示为美团餐饮云解决方案技术架构。

图 9-8　美团餐饮云解决方案技术架构

图 9-9 所示为美团 O2O 电商解决方案。美团云以其稳定的虚拟化底层架构、前端系统、运营系统、数据分析系统以及专业的工程师咨询服务，能够满足用户的日常业务需求，也有能力成为线上平台在双十一和双十二等购物高峰期具备弹性扩容的云服务商。

线上与线下的融合是目前智能零售的基本发展趋势，实体门店和电商的结合，让原本的竞争转化为合作，来获得双赢。在智能零售消费升级的需求下，企业实现"云转型"目前有三种比较常见的方式，包括自助智能零售终端、超级电子商务平台以及零售渠道转型。

图 9-9　O2O 电商解决方案

1. 自助智能零售终端

智能零售终端设备包括自助收银机、自助点餐机、自助取票机、自助访客机、自助缴费打印终端、射频识别商品导购屏、智能导购屏以及自助零售终端等，这些设备都可以实现"无人"服务，而且每个设备都是一个消费场景。例如，自助零售终端不限投放位置，有人流的地方都可以投放，如酒店、银行、医疗卫生院和商场超市等，如图 9-10 所示。

图 9-10　自助零售终端和应用场景

智能零售终端也是一个小型的云端，构建"零售云＋智能端"智能零售物联网络，能够收集不同类型的用户数据，分析用户的消费习惯，构建精准的用户画像，来优化调整供应链选品、商品货架摆放和个性化营销问题，实现降本增效和提升消费体验的目标。

专家提醒

　　现今，云平台服务可支持 7 万多台自动售货机使用，实现了远程监控、数据分析、用户行为分析和商品分析一体化，给管理者带来了更大的利润。目前，这些自动售货机可分散在高铁、火车站、机场和小区等各种场景，并有着良好的口碑，深受用户喜爱。

在物联网、大数据和云计算技术的加持下，这些智能自动售货机变得越来越先进，智慧零售已经开始进入人们的生活。它的产品范围包括饮料、食品、果蔬、玩具和数码，打破了传统贩卖机只能售卖零食或饮料的限制。

图 9-11 所示为中吉生鲜智能自取柜。它具有智能温控系统，能够对食材进行保鲜，并可以一次购买多件蔬菜、海鲜或者肉类食品。

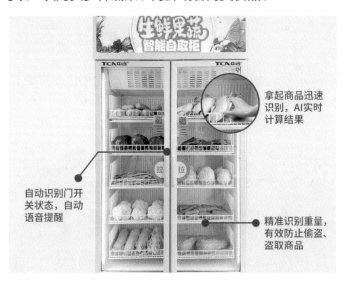

图 9-11　中吉生鲜智能自取柜

中吉还设计了智慧医药触屏自助售药机，如图 9-12 所示。它不仅支持刷卡、扫码和人脸支付，还具有在线问诊系统，可以作为零售药店夜间服务窗口，帮助用户更加精准、及时地购买药品。

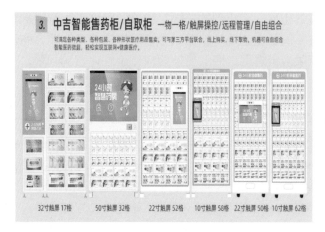

图 9-12　智慧医药触屏自助售药机

专家提醒

　　针对不同的业态，这些智能零售自助贩卖机具有不同的系统解决方案，如软硬件定制、云平台定制开发、后台服务托管和第三方 API 对接等，实现了技术全方位服务智能零售，提升了用户的个性化体验。

　　利用大数据和云计算系统，中吉还推出了消费扶贫智能售货终端，如图 9-13 所示。它通过自助售卖的方式，将贫困地区的产品更快地贴近消费者，帮助打通售货渠道，避免滞销。

图 9-13　消费扶贫智能售货终端

中吉智能扶贫柜与传统售货机相比具有体积小、容量大、不受货道限制和补货方便等特点，它还可以支持物联网云平台系统，能自动连接 PC 端和微信，远程监控机器的状况，了解其销售情况并绘制利润分析表，如图 9-14 所示。

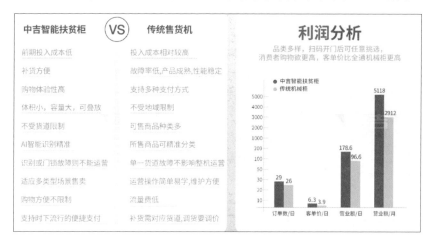

图 9-14　优势对比与利润分析

2. 超级电子商务平台

智能零售终端主要侧重于线下消费场景，而超级电商平台则主要针对线上消费场景。例如，你在外游玩时，感觉渴了想要喝奶茶，但是附近没有奶茶店，这时候只要拿出手机打开 App 进行定位，然后下单支付，只需片刻就会有人（或者是无人机）将奶茶送到你的手中，如图 9-15 所示。

图 9-15　在外用手机点餐

也就是说，不管你身处何地，只要身上带着一部能接入互联网的智能手机

（或其他智能终端），即可满足你的任何消费需求。这些超级电商平台通过将所有的实体门店进行"云化"处理，让它们变成了"云端"的智能服务，并通过互联网和物流配送体系，实现了多元化的消费场景服务。

3．零售渠道转型

零售渠道的"云转型"是一条通向智能零售的便捷之道，通过线上、线下与物流等数据信息的深度结合，来打造超越时空限制的智能零售渠道，消费者在哪儿，我们就到哪儿去，满足消费者在购物、餐饮、娱乐、出行及教育等多个领域的需求。

当然，零售数字化转型主要还是通过"云化"和智能化来实现，通过技术支撑来促进线上与线下的融合，通过多渠道来实现"无界零售"，从以前的"场货人"关系过渡到现在的"人货场"关系。

专家提醒

零售渠道的"云转型"可以将零售场景中的人、货、场等基本要素，进行全面数字化升级，包括数据采集、数据存储、数据分析到数据优化等，打造大数据服务闭环，使得供应链渠道的各环节能始终围绕消费者需求进行更高效和个性化的运营。

9.1.3　零售特点，智慧门店

智能零售的终极进化形态是"云化"，即云零售。多元化、个性化和迅速迭代是未来消费需求的发展趋势，同时企业还将通过不断重构"人货场"，衍生出更多细分的消费场景。但是，零售的本质却不会产生变化，即随时随地为消费者带来超出预期的"内容"，其特点如图 9-16 所示。

图9-16　云零售的特点

专家提醒

　　云零售的主要目的就是帮助消费者实现"所想即所得，所得即所爱"的消费愿景。例如，阿里巴巴围绕天猫智能零售战略，将原商家事业部全面升级为云零售事业部，未来还将计划继续打造智慧门店 2.0，赋能百万线下门店。

　　云零售事业部依靠强大的云计算和大数据分析能力，帮助实体零售企业实现全面的商业升级。目前，已经有越来越多的店铺想要入驻天猫，行业范围覆盖了母婴奶粉、女装、家装家具家纺、化妆品、珠宝配饰、图像影音以及食品加工等，如图 9-17 所示，赋予了这些零售私域服务新的价值。

图 9-17　入驻天猫行业范围

9.2　零售应用，产业升级

　　如今，智能零售云的应用已经非常普及，如无人便利店、无人超市和无人仓等。无人便利店是通过技术手段进行了智能自动化处理，降低人工管理成本，优化商店经营流程。

9.2.1　苏宁零售，城乡贸易

　　在城市智慧零售之风盛行时，许多农村地区还不能享受到零售技术带来的红利，电商在农村市场发展得非常缓慢，而苏宁智慧零售通过一系列措施正在改变这些乡村地区落后的面貌，具体有两个方面，如图 9-18 所示。

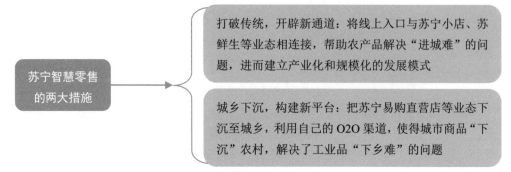

图 9-18　苏宁智慧零售的两大措施

通过上述举措，苏宁智慧零售将"农产品上行"和"工业品下行"的渠道彻底打通，形成一个畅通无阻的城乡贸易通道，具体优势有 3 个方面，如图 9-19 所示。

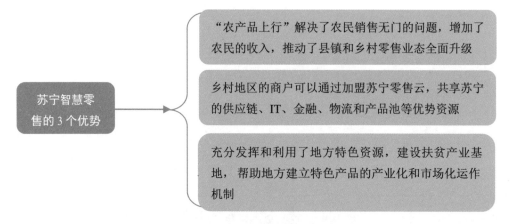

图 9-19　苏宁智慧零售的 3 个优势

9.2.2　京东零售，智慧物流

无论是电商巨头还是科技发展龙头，都开始研发无人配送车，京东也不落后。与阿里巴巴的"小蛮驴"相比，京东的"大白"最多可以放置 30 个常规大小的快递。当它到达配送点时，就可以通过云平台将物流信息发送给用户，极大地节约了用户时间，提升了运送效率。

早在 2018 年时，中国民航西北管理局就允许京东使用无人机进行物流运输，如图 9-20 所示。这是中国采用无人机在商业领域取得的巨大进展，也是京东智慧物流体系的重要里程碑之一。

图 9-20　京东重型无人机

京东在物流领域一直做得比较出色，所以京东加大了云计算在物流领域中的研发和投入。近几年来，京东的智慧物流系统发展得非常迅速，已形成无人车、无人机和无人仓这三大智慧物流体系，引导物流行业全面升级。

专家提醒

京东在无人机物流方面的进展也影响了其他企业。虽然最后没有大规模发展，但是它为这些企业提供了一条新的路径，为云计算的研究指出了一个新的方向，为智慧零售创造了一个良好的开端。

因此，京东另辟蹊径，研发了京慧物流数据平台，如图 9-21 所示。该平台是为商家提供中小件商品入仓的智能供应链服务平台，可以为零售商家提供数据运营指导和数据支持。

京东还为客户提供了 AIRS AI 零售解决方案，即通过云计算、人工智能、弹性扩展、智能对话、图像识别、机器学习和知识图谱等技术，为商家提供一站式数据服务平台，如图 9-22 所示。

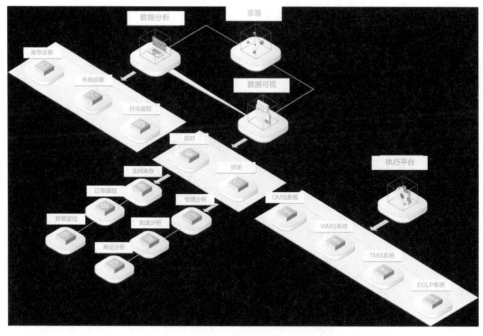

图 9-21　京慧物流数据平台

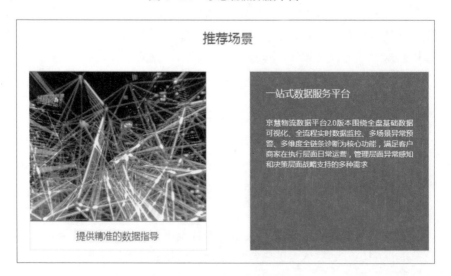

图 9-22　一站式数据服务平台

9.2.3　淘宝零售，无人超市

很多传统企业和互联网巨头也在积极布局智慧零售这种新型商业形态。例如，"TAOCAFE(淘宝会员店)"就是由阿里巴巴推出的线下无人超市，占地达200平方米，可容纳50人以上，集商品购物和餐饮于一身，如图9-23所示。

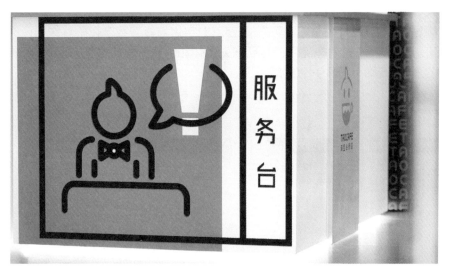

图9-23 TAOCAFE(淘宝会员店)

"TAOCAFE(淘宝会员店)"中不仅摆放了各种玩偶和笔记本等商品，而且还可以进行自助订餐，同时还会根据用户的消费习惯和消费行为，来调整货品的数量与陈列方式。图9-24所示为"TAOCAFE(淘宝会员店)"的自助购物流程。

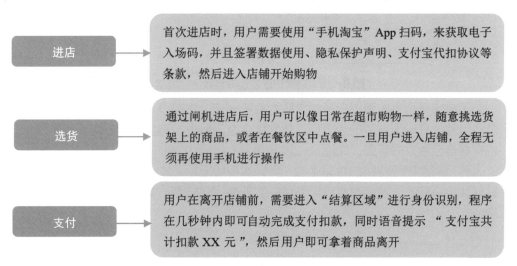

进店	首次进店时，用户需要使用"手机淘宝"App扫码，来获取电子入场码，并且签署数据使用、隐私保护声明、支付宝代扣协议等条款，然后进入店铺开始购物
选货	通过闸机进店后，用户可以像日常在超市购物一样，随意挑选货架上的商品，或者在餐饮区中点餐。一旦用户进入店铺，全程无须再使用手机进行操作
支付	用户在离开店铺前，需要进入"结算区域"进行身份识别，程序在几秒钟内即可自动完成支付扣款，同时语音提示"支付宝共计扣款XX元"，然后用户即可拿着商品离开

图9-24 "TAOCAFE(淘宝会员店)"的自助购物流程

当然，"TAOCAFE(淘宝会员店)"只是智慧零售的一个雏形。智慧零售的背后，映射的是人口红利的逐步消退，以及劳动力结构的改变，这使得各种无人自助服务、无人零售、无人机、无人驾驶、无人仓储、无人物流、无人工厂以及无人农场等新兴产业不断崛起。

阿里巴巴这种新型的消费模式，是客流数字化与货架数字化相互作用形成的，从而可以实现客流的动态优化、商品陈列优化和销售分析等数据方面功能，实现商品的全域营销，如图9-25所示。

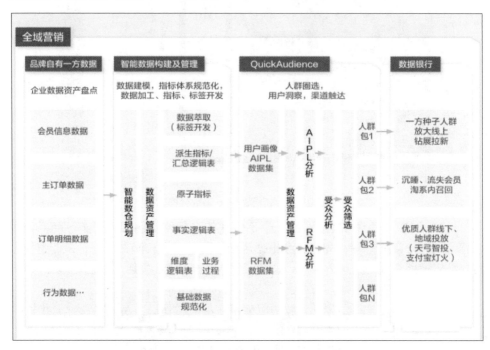

图9-25 阿里巴巴智慧零售数字化框架

天猫精灵也是阿里巴巴智慧零售的重要一环，它可以与用户进行对话交流或游戏互动，开启全方位的线下门店数字化之路。另外，阿里巴巴在店铺运营方面也有着自己独立的系统，如图9-26所示。

利用阿里巴巴特有的数据中台，可以实现线上触点和线下触点的双向连接，即赋能电商商家，多场景帮助电商客户实现数字化转型，实现"人、货、场"的统一。

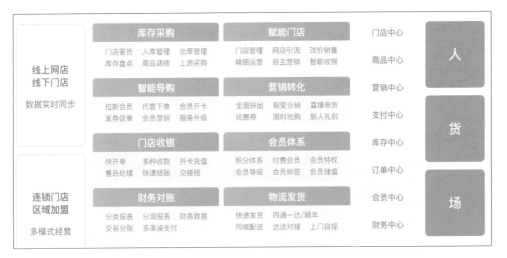

图 9-26　线上与线下店铺运营方案

9.3　零售趋势，营销升级

智慧零售是在万物互联的基础上形成的。可以说，只要能通电的物体，就可以联网，就能够形成一个营销场景。尤其是在信息快速发展的今天，商家可以根据用户的需求，为其提供日常生活中的各种销售方案，智慧零售的新趋势逐渐明朗。

9.3.1　运营变革，个性发展

智慧零售本身的产生是人工智能、互联网和大数据等技术日益发展的结果。这一拨智慧零售的浪潮，促使线下零售店不断整合，从而衍生出无人超市、无人书店和无人配送等新的销售方式，销售行业在这个背景下格局发生了巨大的变化。

智慧零售开始从业务前端逐渐走向产业供应链或研发等后端，从以渠道商业主导的传统零售走向以消费者为主导的数字化零售。90 后和 00 后正逐渐成为新一代消费市场的主体，服务业更加趋向于个性化。

于是，各大企业也纷纷向数字化转型，以便获取更大的市场竞争力。例如，百度通过全面洞察消费者和为提升运营效率，研发了零售行业数据中台解决方案，如图 9-27 所示。

图9-27 百度零售数据中台解决方案

百度零售行业解决方案整合了百度搜索和全网商家会员数据，并融合了百度地理位置，可以为商家提供客流分析、客群洞察、商圈选址、运营监控和营销推广等多种功能，从而为消费者打造个性化的零售服务。

百度针对多种零售场景，还研发了百度炫客系统。该系统基于人脸图像识别、深度学习、大数据预测、安全防护、实时流失分析和地图可视化技术，打造了可视化的编辑平台，可进行房产行业大数据分析与营销、户外广告投放与监测以及品牌连锁选址，如图9-28所示。

图9-28 场景化解决方案

9.3.2　提升效率，用户挖掘

大数据、云计算及物联网为智慧零售运营带来变革的同时，也提升了智慧零售的销售效率。因为充分利用大数据技术可以实现对潜在用户的挖掘，即根据用户的历史成单记录，挖掘市场上与之类似的潜在消费者，如图 9-29 所示。

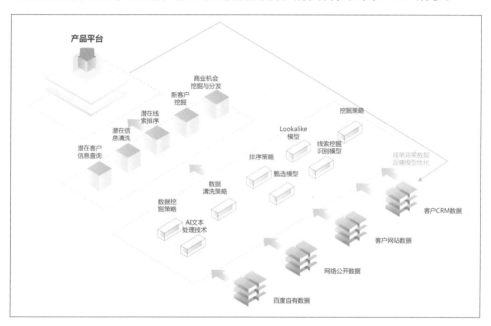

图 9-29　大数据挖掘潜在用户

9.3.3　线上线下，新型业态

不同的业态对智慧零售来说，方式也有所不同。一般来说，大型的企业品牌都已建立自己的电商体系，它们可以实现线上和线下零售的协同发展，如可口可乐在产品包装上加载了 AR 技术，如图 9-30 所示。

消费者只要购买可口可乐，就可以通过手机扫码，看到瓶罐上的 AR 动画，实现更多的趣味性，提升了用户的参与度，促使用户将产品分享给更多的人。这种新型业态模式可以为产品打造个性化的 AR 标签，将大数据技术与环境充分融合起来。

图 9-30　可口可乐加载 AR 技术

9.4　本章小结

　　本章主要详细介绍了智能零售的基础及核心,为大家讲述了智能零售"云转型"的三种方式;然后以苏宁零售、京东零售和淘宝零售为例分别说明了其在零售行业的具体应用;最后对智慧零售的新趋势做了详细介绍。

9.5　本章习题

　　9-1　无人超市运营背后包含了哪三大黑科技?

　　9-2　智慧零售的新趋势是什么?

第 10 章
共建智慧城市，促进和谐发展

学前
提示

智慧城市是一种新型的信息化城市形态，它是物联网、云计算等新技术的具体应用。如今，智慧城市的建设已经在全球各地迅速开展，它已经成为一种势不可当的趋势。本章具体介绍智慧城市的相关概念以及具体案例应用。

10.1 智慧城市，基础概况

智慧城市就是物联网应用最直接、最集中的体现。智慧城市的建设可以把物联网带入城市，使物联网走进人们的生活，让每个人都能感受并体验得到。那么，到底什么是智慧城市呢？

10.1.1 基本定义，系统融合

"智慧的城市"愿景在 2010 年被 IBM 正式提出，希望为世界的城市发展贡献自己的力量。IBM 的研究认为城市由 6 个核心系统组成：组织（人）、业务、交通、通信、水和能源。这些系统不是零散的，而是以一种协作的方式相互衔接的，城市则是由这些系统所组成的宏观系统。

21 世纪的"智慧城市"运用物联网、大数据和云计算等技术可以对包括民生、环保、公共安全、城市服务和工商业活动在内的各种需求做出智能的响应，为人类创造更加美好的城市生活。智慧城市其实就是把新一代信息技术充分运用在城市的各行各业之中，是基于知识社会下一代创新城市信息化的高级形态。

智慧城市是一个复杂并相互作用的系统。在这个系统中，信息技术与其他资源要素优化配置并共同发挥作用，促使城市更加智慧地运行。

所以，智慧城市是基于物联网、云计算等新一代信息技术，以及大数据、社交网络、创新 2.0、生活实验室和综合集成法等方法，能营造有利于创新涌现的生态，实现全面透彻的感知、宽带泛在的互联、智能融合的应用，以及以用户创新、开放创新、大众创新、协同创新为特征的可持续创新生态，如图 10-1 所示。

图 10-1　智慧城市，在于创新

专家提醒

　　创新 2.0 即面向知识社会的创新模式。普通公众不再仅仅只是科技创新的被动接受者，而是可以在知识社会条件下扮演创新主角，直接参与创新进程。创新 2.0 特别关注用户创新，是以人为本、以应用为本的创新。

　　在《复杂性科学视野下的科技创新》一文中如是写道："创新 2.0 是以用户为中心、以社会实践为舞台、以共同创新和开放创新为特点的用户参与的创新。"

10.1.2 产生背景，技术发展

　　信息通信技术的融合和发展打破了信息和知识分享的壁垒，消融了创新的边界，推动了创新 2.0 形态的形成，并进一步推动各类社会组织及活动边界的"消融"。创新形态不但自身由生产范式向服务范式转变，也带动了产业形态、政府管理形态、城市形态向服务范式的转变。

　　以物联网、云计算、移动互联网为代表的新一代信息技术，以及知识社会环境下逐步孕育的开放的城市创新生态，这些都推动了智慧城市的产生。前者是技术创新层面的技术因素，后者是社会创新层面的社会经济因素。

　　IBM 最早在 2008 年提出"智慧地球"和"智慧城市"的概念，2010 年正式提出了"智慧的城市"愿景，即在工业、农业、物流、零售、金融、教育、旅游、医疗和娱乐等方面实现可持续发展，如图 10-2 所示。

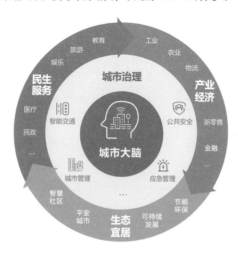

图 10-2 智慧城市

所以，智慧城市的产生及其"走红"都是无法阻挡的热潮。不管是从经济、社会方面还是政策方面，都推动了智慧城市的产生。

在新基建发展的热潮下，我国智慧城市充分利用云计算、大数据和物联网等技术，努力实现制造、能源等产业的数字化发展，如图 10-3 所示。

图 10-3　新基建的推动作用

1. 智慧城市的社会背景

目前，城市发展面临的挑战和问题日渐突出。例如，气候恶化、环境破坏、交通阻塞、食品安全、公共安全和能源资源短缺等问题，已严重影响城市的可持续发展。

专家提醒

如何通过行之有效的手段对有限的资源进行最优调配，平衡城市发展的各方需求，实现城市经济、社会和环境协调发展，成了一个重要课题。所以，建设一个安全、健康、便捷、高效和低碳的智慧城市刻不容缓。

2. 智慧城市的政策背景

在国家做出的"十二五"规划中，明确提出了未来 5~10 年中国城市发展的重点方向，将建设智慧城市列入了国民经济和社会发展的工作中，要求城市管理更加智慧化和智能化。

智慧城市建设的关键因素主要包括 3 个方面，即产业结构调整、建设资源节约型社会和技术创新与城市化，如图 10-4 所示。

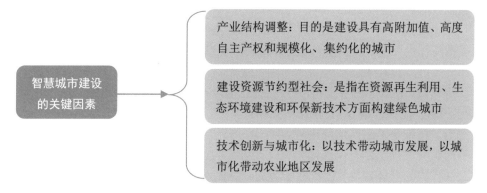

图 10-4　智慧城市建设的关键因素

3．智慧城市的经济背景

当今世界建设智慧城市已经成为必然趋势，发展智慧城市目前已成为各国核心战略及解决危机的重要手段。中国将有 600 ～ 800 个城市试点建设智慧城市，未来还会以每年 20% 的复合增长率增长。

智慧城市以数字城市为基础，但伴随技术的提升和时代的需求，其内涵在不断增加，网络城市和智能城市会更加全面地贴近真实生活。

智慧城市建设已经成为拉动新经济的重要动力和举措，在带动固定投资增长的同时，信息科技的普及与新技术的开发也将得到持续的推动。

10.1.3　发展起源，城市现状

智慧城市是城市发展的新兴模式，其服务对象是面向城市主体——政府、企业和个人。它的结果是城市生产和生活方式的变革、提升与完善，终极表现为人类拥有更美好的城市生活。

智慧城市是如何一步一步进入我们的视野，渗透到我们的生活当中的呢？其实，在智慧城市之前，已经有很多关于城市的概念产生，如数字城市、生态城市、感知城市和低碳城市等。

1．智慧城市的起源

有的人认为智慧城市的关键在于技术应用，而有的人认为智慧城市的关键在于网络建设，还有的人认为关键在于人的参与、关键在于智慧效果。一些信息化建设的先行城市则强调智慧城市的关键应以人为本和可持续创新。

但是，智慧不仅仅是智能，智慧城市可以说是包含了以上所有的内容。它固然是信息技术的智能化应用，但也包括人的智慧参与、以人为本和可持续发展等内涵。

21世纪是一个高科技的时代，信息技术在高速运转，科技应用时刻在发展，家居智能化也在此期间大有作为。智慧城市便是在如此的环境中不断探索与学习，一步一步地成长起来。

智慧城市的发展主要还是因为网络通信技术、大数据、云计算、地理信息技术与BIM、社会计算及其他相关技术的发展。这些技术在智慧城市建设中被集成应用，将带来新的机遇与挑战。

智慧城市并不是一个具体项目，如同文明城市和环保城市一样是城市在信息化发展方面的具体目标，它包括城市的网络化、数字化和智能化3个方面的内容。

随着我国城市化进程的不断深入，城市的规模愈加庞大，城市中的人口和物业数量迅速膨胀，智慧城市的建设可以说是因发展需求而被迅速提上日程。图10-5所示为智慧城市建设系统。

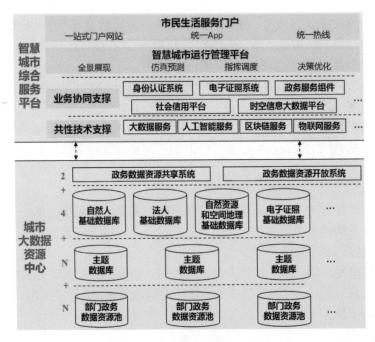

图10-5 智慧城市建设系统

智慧城市自身的价值就是要实现"智能人生"，融合了大数据、云计算和移动互联网等信息技术，它具备迅捷信息采集、高速信息传输、高度集中计算、智能信息处理和无所不在的服务提供能力，能够实现城市内及时、互动、整合信息的感知、传递和处理，以提高民众生活幸福感和企业经济竞争力，符合城市可持续发展目标的先进城市发展理念。

人们通过 PC、手机和电视等各种终端对城市里的一切都能随时地查询，并进行标注分析、分享和互动。

智慧城市应该把城市中的一切，包括建筑物的实体、路灯、道路和桥梁等各种城市设施，全部实现数字化，并且将其实景化。图 10-6 所示为基于大数据可视化技术的智慧城市运营平台。

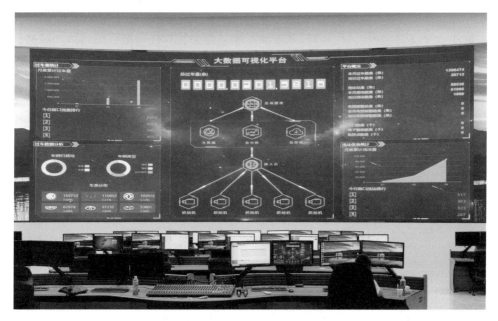

图 10-6　可视化智慧城市运营平台

智慧城市从最初的智能家电，不断丰富之后，现在又细分为智能社区、智能医疗和智能交通等新兴概念，越来越多地融入城市生活中，相信智慧城市的建立会让人们的生活越来越高效、便利。

专家提醒

智慧城市的发展轨迹如同人的成长一样，不断地追寻新的目标，虽然也会遇到难题，但只要一直不断地克服它，不断前进，就能实现更多价值，最终总会有收获。

2．国内智慧城市的现状

开展"智慧城市"技术和标准试点，是科技部和国家标准委为促进我国智慧城市建设健康有序发展，推动我国自主创新成果在智慧城市中推广应用共同开展的一项示范性工作，旨在形成我国具有自主知识产权的智慧城市技术与标准体系，为我国智慧城市建设提供科技支撑。

"十二五"期间中国有 600 ～ 800 个城市创建智慧城市，加上后期各种数据中心、分析设备和服务设备的投资，市场总规模达到 2 万亿元。

智慧城市建设的大提速将带动地方经济的快速发展，也将推动卫星导航、物联网、智能交通、智能电网、云计算和软件服务等多种行业的发展进程。

相信在不久的将来，或是 10 年，或是 20 年，我国的智慧城市将会遍地开花，不再是试点这么简单，而是经过不断的创新与探索，开创独具当地特色的智慧城市，同时智慧城市的功能也会更加细化，网络通信、数字连接、物理定位和社交媒体将更加方便，如图 10-7 所示。

图 10-7　遍地开花的智慧城市

城市化进程的加快使城市被推到了世界舞台的中心，发挥着主导作用。与此同时，城市也面临着环境污染、交通堵塞、能源紧缺、住房不足、失业和疾病等方面的挑战。

所以，在新环境下如何解决城市发展所带来的诸多问题，实现可持续发展成为城市规划建设的重要命题。智慧城市将成为一个城市的整体发展战略，作为经济转型、产业升级和城市提升的新引擎。

10.2 发展趋势，治理机制

    智慧城市本身具有一个建立得很好的治理机制，能够使它实现可持续发展。但是智慧城市不是一天就能建成的，也不是一年两年能建成的，它是一项长远的工程，需要我们一步一个脚印地打下基础。

10.2.1 发展特征，注重需求

    物联网技术的发展提高了城市市民的生活品质，也为城市中的物与物、人与物、人与人的全面互联、互通、互动，为城市各类随时、随地、随需、随意的应用需求提供了基础条件。

    智慧城市虽然是比较先进的理念，但它并不能一蹴而就。智慧城市的发展特征综合了"数字城市"和"平安城市"等这些城市因素，如图 10-8 所示。

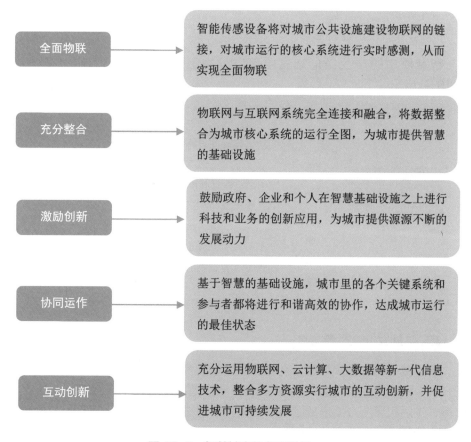

图 10-8 智慧城市的发展特征

智慧城市的建设要注重从市民需求出发，更重要的是强调有市民参与、社会协同的开放创新空间的塑造以及公共价值与独特价值的创造。

专家提醒

技术的融合与发展进一步推动了从个人通信、个人计算到个人制造的发展，也推动了实现智能融合和随时随地的应用，进一步彰显了个人参与智慧城市建设的重要力量。

10.2.2 产业形态，生态参与

10.2.1 小节讲述了智慧城市的发展特征，下面就来看一下智慧城市产业链形态和生态参与者的相关内容。

1. 智慧城市产业链形态

智慧城市的产业链形态主要可以分为上游、中游和下游 3 个部分，如图 10-9 所示。

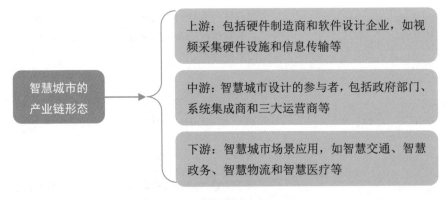

图 10-9　智慧城市的产业链形态

2. 智慧城市生态参与者

智慧城市的生态参与者分别有用户、管理者、系统集成商、服务运营商、第三方机构和应用开发商这六大角色，他们相互监督与配合，在经济、出行、安防、教育、生活和环境方面形成了一个智能化、自主化、融合化、实时化、普遍化和开放化的超级智能城市，如图 10-10 所示。

图 10-10 超级智能城市

10.2.3 迎接挑战，未来发展

虽然智慧城市是现代化城市管理的一种新的模式和理念，给人们带来了更加便利的城市服务，但是，智慧城市在建设的过程中，也面临着诸多挑战和问题，如图 10-11 所示。

图 10-11 智慧城市建设面临的挑战

智慧城市的前景是广阔的，总的来说，未来智慧城市的发展趋势可以体现在 4 个方面，如图 10-12 所示。

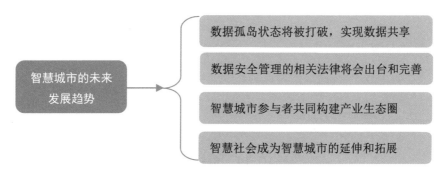

图 10-12 智慧城市的未来发展趋势

10.2.4 三大类别，功能体系

智慧城市的功能体系包括社会治理、市民服务和产业经济三大类，具体内容如图 10-13 所示。

图 10-13 智慧城市的功能体系

10.3 城市平台，生态建设

在大数据、物联网和云计算技术的大力推动下，城市建设也变得越来越智能化。政府部门也出台了多部政策和法律，支持企业向数字化转型，从而构建了一系列的智慧城市生态建设。

10.3.1 平安城市，百度领先

百度作为技术行业的领先者，利用其自主研发的智慧大脑系统，赋能智慧城市，并将其作为城市基础建设的技术平台，构建了一整套全栈式的平安城市生态应用，如智慧交通和智慧教育等，如图 10-14 所示。

图 10-14 智慧大脑系统

专家提醒

　　智慧城市包含了各种智慧解决方案，如智慧工业、智慧农业、智慧电力、智慧教育、智慧医疗、智慧政务、智慧社区、公共安全和智慧交通等，是一套复杂而又完整的产业链。

　　另外，在各种新型技术的加持下，这些场景不仅更加数字化和智能化，由于技术对材料的高要求、高标准和高追求，在应用中还更加环保和规范，有助于构建绿色城市体系。

　　运用人工智能、大数据和物联网等新一代信息技术，百度的智慧城市智能运行中心可以提供多尺度的城市时空全景、城市态势感知、城市事件洞察和智能指挥调度服务，为城市管理增智赋能，如图 10-15 所示。

图 10-15　智慧城市智能运行中心

　　在智能交通指挥方面，百度智能云以人工智能、大数据、云计算和百度地图为核心技术，打造了"指、情、勤、宣、督"五位一体的智能交通指挥中心，实现了交通的智能化运转，如图 10-16 所示。

　　众所周知，公共安全是城市建设不可或缺的重要环节之一，在如今的新形势下警务工作变得越来越多元化、复杂化和智能化，社会数据、政府数据及互联网数据不统一，这都增加了政府安全管理的难度。

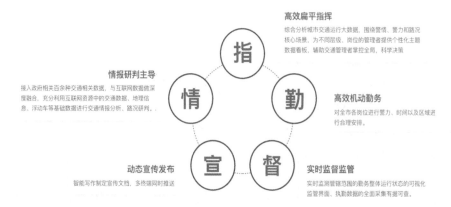

图 10-16 智能交通指挥中心

面对这一困境，百度推出了公共安全解决方案架构，如图 10-17 所示。它主要包括智慧新指挥、新防控、新管控、新侦查、新服务和新监管这 6 个方面，实现了公共安全的精准管理。

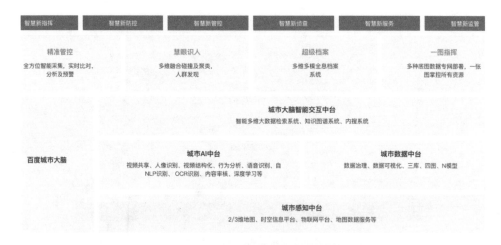

图 10-17 公共安全解决方案架构

另外，在火车站、高铁站和机场等高人流量公共场所，百度也落地了一系列应用，如图 10-18 所示。百度的智慧航空解决方案，能将人像数据自动导入人脸识别平台，实现值机、托运行李、安检和登机流程的一站式服务。

百度城市建设主要是通过网络摄像头，将收集到的数据与其自身资源库或云平台进行对比，从而实现多功能的智能产品应用，对城市建设来说具有重大意义，推动了城市发展的进程。

图 10-18 智慧航空解决方案

10.3.2 智慧应急，阿里管控

阿里巴巴围绕政府防汛、防涝和防台风等突发事件的处理工作，精准预测，智能分析，为最大限度地减少自然灾害带来的社会损失，设置了一系列智能应用。利用阿里云数据中台智能引擎，能够在短时间内检测出自然灾害影响范围、影响方式、持续时间和危害程度，如图 10-19 所示。

图 10-19 防汛、防台风智慧应急方案

专家提醒

　　阿里巴巴通过其平台数据架构和阿里云数据中台，提供了智慧应急平台底座，实现了对突发事件的影响范围、方式和持续时间等方面的智能研判，并可以针对其作出紧急预案处理。

　　例如，防汛防涝时，可以通过物联感知检测水位和雨量，一键启动数字化预案管理，并对其物资和路径进行智能调度，为城市紧急情况建设提供了安全保障。

　　另外，社区是城市的重要组成部分，也是城市服务的"最后一公里"。在日常生活管理中，阿里巴巴对社区的人群也进行了重点管控。

　　针对日常业主和访客，打造了社区电子通行证，保障了社区人员安全，可以有效排查异常人员，并对老人或行动不便等人员进行重点关注，传递社区温暖。它还可以利用人脸识别、文本解析和智能监控等人工智能技术，对社区车辆、水电和房屋进行智能化管理，帮助居民快速获得生活服务。

　　为营造一个智能、安全和时尚的智慧小区，阿里巴巴全面打造了社区微脑解决方案，如图 10-20 所示。

图 10-20　社区微脑解决方案

　　以数据城市为驱动的智能化，是实现阿里巴巴城市大脑的关键性因素之一。阿里巴巴智慧城市的建设还体现在实现了城市公共资源的智能调度和优化配置方面，如图 10-21 所示。

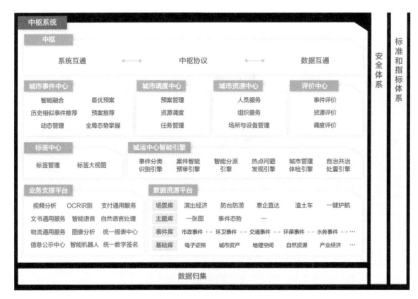

图 10-21　公共资源的智能调度

城市的运行离不开各部门的协同配合，阿里巴巴在建设智慧城市时明显考虑到了这点。以阿里云平台为中心，它可以实现多部门之间的数据接入、信息交互和联合共治，从而形成高效应急业务体系，如图 10-22 所示。

图 10-22　城市运行业务体系

根据城市的产业特征，阿里巴巴还打造了城市专属级工业互联网平台，创建了城市工业智能解决方案，如图 10-23 所示。运用阿里云大数据驱动产业智能化变革，形成了新的模式和新的业态，将城市工业打造成为独具特色的数字化经济发展高地。

图 10-23　城市工业智能解决方案

10.3.3　京东数科，一核两翼

京东数科集团为服务于政府、市区部门和各街道以及市区，提出了构建智能城市社会治理的"一核两翼"。

"一核"是指市域治理现代化，即在不改变当前市域治理的前提下，通过各级数据汇总，打造一个可看、可监测、可分析的公共服务平台。"两翼"是指 AI + 产业发展和生活服务业现代化，是面向企业和百姓的智能化发展。图 10-24 所示为京东智能城市的具体应用。

图 10-25 所示为京东数科的数字化技术框架。基于京东数科的基础计算平台和实时计算平台，可以实现对多方异构数据进行采集和存储，再结合图像分析、数据模型和算法等技术，可以实现在政府、金融和医疗方面的全局数据资产管理。

在政府服务方面，京东数科以大数据技术框架为支撑，力图为政府打造惠企政策的制定和发布，实现全面的政策解读、智能匹配、智能审批、智能监测及快速兑现，如图 10-26 所示。

图 10-24 京东智能城市的具体应用

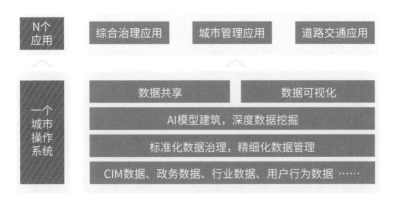

图 10-25 数字化技术框架

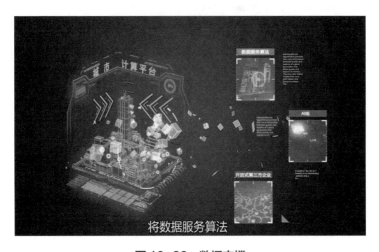

图 10-26 数据支撑

在金融方面，京东数科构建了一系列智慧商业解决方案，实现了全域商业的数字化生态。本着为政府服务的核心目的，京东数科的商业系统还以政府政策为基础赋能商户，并建立信用管理机制，如图 10-27 所示，以实现商家管理、商业信用管理、交易数字化、消费营销和线上商城等功能，做到真正服务企业、商户和消费者。

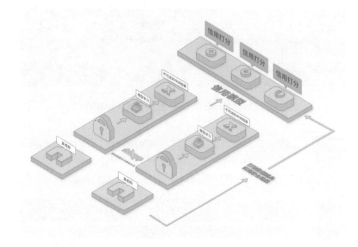

图 10-27　信用管理机制

京东智慧城市还具有莫奈可视化引擎，这是一个将目光聚焦于可视化视觉场景下企业级的数据可视化工具，如图 10-28 所示，可以全方面分析和查看城市当前规划，充分满足用户多样的可视化需求。

图 10-28　莫奈可视化引擎

10.4　本章小结

　　本章从智慧城市的基本概况入手，介绍了智慧城市的定义、产生背景和发展起源；然后介绍了智慧城市的发展趋势；最后以百度、阿里巴巴和京东数科为例，介绍了智慧城市的具体应用。

10.5　本章习题

　　10-1　智慧城市的概念是什么？

　　10-2　智慧城市建设的关键因素主要包括哪 3 个方面？